新型职业农民书架 ❋ 园艺作物病虫害图谱系列

苹果病虫害
识别与防治
图谱

隋秀奇　主编

PINGGUO BINGCHONGHAI SHIBIE YU FANGZHI
TUPU

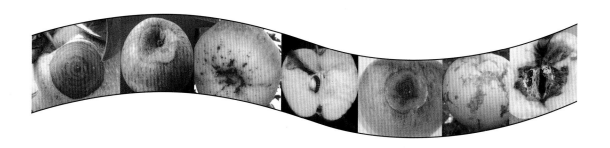

U0209244

中原农民出版社
·郑州·

图书在版编目（CIP）数据

苹果病虫害识别与防治图谱/隋秀奇主编.—郑州：中原农民出版社，2020.5
（新型职业农民书架.园艺作物病虫害图谱系列）
ISBN 978-7-5542-2228-7

Ⅰ.①苹… Ⅱ.①隋… Ⅲ.①苹果－病虫害防治－图谱 Ⅳ.①S436.611-64

中国版本图书馆CIP数据核字（2020）第067196号

本书编者

主　编　隋秀奇
副主编　顾雨非　陈咏雪　张靖涵　张新峰　李淑敏
参编者　于　凯　于海军　王黎明　尹晓辉　田利光　田德志
　　　　付兴霞　杜海军　刘坤坤　吕国波　宋立龙　李　康
　　　　张代胜　张凤娟　单玉佐　邹宗峰　曲日涛　崔亚伟
　　　　谢富才　谭志坤　戴振建　庞进松　李生奇　王玉萍

出版：中原农民出版社
地址：郑州市郑东新区祥盛街27号7层
邮政编码：450016
办公电话：0371-65788651
购书电话：0371-65788652
出版社投稿信箱：Djj65388962@163.com
交流QQ：895838186
策划编辑电话：13937196613
发行单位：全国新华书店
承印单位：河南瑞之光印刷股份有限公司
开本：787mm×1092mm　　　　　　1/16
印张：7.5
字数：200千字
版次：2020年9月第1版　　　　　印次：2020年9月第1次印刷

书号：ISBN 978-7-5542-2228-7　　　　定价：60.00元
本书如有印装质量问题，由承印厂负责调换

主 编

隋秀奇 简介

　　隋秀奇，男，1966年2月出生于山东省乳山市，汉族，中共党员，高级农艺师。1992年7月毕业于莱阳农学院（现青岛农业大学），大学本科，曾在烟台市果树科学研究所、烟台市农业科学研究院工作。现任烟台现代果业科学研究院院长，烟台现代果业发展有限公司董事长，山东省农村技术协会果树脱毒种苗专业委员会主任；《果农之友》编委，烟台市农学会种子分会副会长兼秘书长，中原乡村振兴战略研究院特聘研究员。

　　近30年来，先后主持苹果新品种——烟富8、神富2号、神富3号、神富6号的选育工作。2013年烟富8通过山东省农作物品种审定委员会审定，获得审定证书；短枝型苹果新品种——神富6号，2017年2月通过山东省林木品种审定委员会审定，获得林木良种证。4个苹果新品种在2017年12月获得非主要农作物品种登记证书。其中，烟富8和神富6号在2018年4月获得并拥有了自主知识产权的植物新品种权证书。获得市级以上科研成果2项。

主编或参加编写了《中外果树树形展示与塑造》《一本书明白苹果速丰安全高效生产关键技术》《新编梨树病虫害防治技术》《最新甜樱桃栽培实用技术》《当代苹果》《精品苹果是怎么生产出来的》《图说桃高效栽培关键技术》等多部专业书籍。

先后在《果农之友》《河北果树》《山西果树》《烟台果树》《西北园艺》《分子植物育种》等刊物上发表了《苹果矮化密植栽培配套技术》《苹果UV-B受体基因*UVR8*的克隆及生物信息学分析》等30多篇论文。

烟台现代果业科学研究院简介

　　烟台现代果业科学研究院，坐落于西洋苹果在中国的发祥地山东省烟台市莱山区，成立于2007年，现有职工100多人，其中，高级职称30余人（含外聘与兼职25人），中级职称18人。主要从事果树新品种选育、苗木繁育、新技术研究与推广及电子商务服务等。近年来，在政府农、林、科技等相关部门的指导下，依托烟台苹果资源优势，依靠科技进步，加大创新力度，在提高自身效益的基础上，辐射带动果农共同发展，取得了良好业绩。

一、把科技工作作为发展的重要抓手，把创新作为推动发展的核心动力

　　烟台现代果业科学研究院为民营农业科研机构，拥有专业的果业技术专家团队，设有组培室、遗传育种室、果树栽培生理与矿质营养实验室、果树品质与食品安全监测实验室、果树栽培与植保研究室等；同时，设有苗木繁育中心、苗木开发服务中心、网络开发中心、脱毒组培研发中心和技术培训中心。实验室面积达1 000多平方米，实验仪器设备齐全。研究院设立果树品种原种圃、品种资源圃、无病毒苗木采穗圃、苹果示范园等。研究院自成立以来，加大创新力度，育成多个苹果、大樱桃、桃等优良品种，获得多项自主知识产权。在研课题——菌根化技术研究与应用实施方案，正按计划推进；与青岛农业大学和山东省果茶站联合科研课题——苹果提质节本绿色生产关键技术创新与应用，已被山

植物新品种权证书

品种名称：烟富8

属或者种：苹果属

品种权人：烟台现代果业科学研究所

培育人：隋秀奇

品种权号：CNA20151515.5

申请日：2015年11月4日

授权日：2018年4月23日

证书号：第 2018010911 号

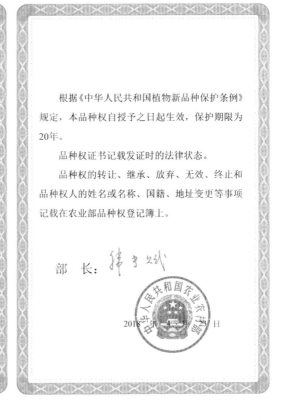

　　根据《中华人民共和国植物新品种保护条例》规定，本品种权自授予之日起生效，保护期限为20年。

　　品种权证书记载发证时的法律状态。

　　品种权的转让、继承、放弃、无效、终止和品种权人的姓名或名称、国籍、地址变更等事项记载在农业部品种权登记簿上。

部　长：

2018年4月23日

东省科技厅作为2019年国家科技奖励提名项目。

二、果树新品种选育，在全国领先

目前已有4个苹果新品种获得农业农村部农作物品种登记证书，其中烟富8、神富6号两个苹果新品种已获植物新品种权证书。烟富8苹果新品种，2013年通过山东省农作物品种审定委员会审定，获得审定证书；自主选育的短枝型苹果新品种神富6号，2017年2月通过山东省林木品种审定委员会审定，并获得林木良种证。其中烟富8品种上色快、表光好、品质优、产量高，且该品种因上色快不用铺反光膜，减少了果园投入，避免了因反光膜造成的环境污染，受到果农的热烈欢迎，现已推广到全国所有苹果产区。神富6号为红色双芽变短枝型红富士品种，除具有红富士苹果的优点外，抽枝力强，成花容易，用工少，管理简便，深受苹果管理技术薄弱地区的果农欢迎。

三、工厂化生产无病毒苗木

烟台现代果业科学研究院脱毒组培研发中心，拥有1 000多平方米组培实验室，4座炼苗温室大棚，10亩隔离网室。经过多年攻关，成功攻克了M9T337生根难的世界性难题。在全国率先提出的苗木"砧穗双脱毒"技术，已经成功脱毒烟富8（神富一号）、神富6号、M9T337、八棱海棠等品种和砧木。年可生产优质脱毒苗木200多万株，对我国苹果产业上台阶、上档次，将产生很大的推动作用。2016年被烟台市农业局、烟台市财政局确定为"烟台苹果"优质苗木繁育基地。此外，脱毒组培研发中心还可开展草莓、花卉、蔬菜等作物的组培生产。

四、果业通网络平台享誉全国

烟台现代果业科学研究院果业通网络平台是北方落叶果树领域的知名网络新媒体平台，每周三晚上都会有果业方面的专家做客果业通网络平台，给果农答疑解惑。广大果农、果园主、技术专家等通过果业通这个网络平台互动，解决果园管理难题。果业通网络平台被果农朋友誉为接地气的农业类网络媒体。

烟台现代果业科学研究院目前为烟台市新型研发机构，是青岛农业大学研究生实习基地，苹果矮砧密植集约栽培技术推广项目示范基地。研究院将秉承责任、创新、专业、睿智的发展理念，加大科技投入，完善育种体系，选育优良的苹果品种，生产优质苗木，满足社会需要，为苹果产业的提质增效做出自己的贡献。

前　言

　　中国是世界第一大苹果生产国，其产量约占世界总产量的55%，出口量占世界总出口量的1/4。随着国家产业政策的调整，苹果产业在促进区域经济发展、改善生态环境等方面也发挥着越来越重要的作用，在全国四大苹果主产区，已成为农村经济的支柱产业。虽然产业发展形势较好，但我国的苹果优质果率和苹果出口率并不高，高档果不足总产量的10%，与发达国家相比还有很大的差距。引起这些差距的主要因素，除了产地环境、管理模式外，还有果农生产技术水平，特别是在生产中对病虫害的准确诊断和对症防治，以及农药的科学使用等。为了提升广大果农对苹果病虫害的识别和防控能力，提高苹果的质量和种植效益，受中原农民出版社之邀，编写了这本《苹果病虫害识别与防治图谱》。

　　全书采用图片与表格相结合的形式，共分七个部分，分别是真菌性病害，细菌性病害，病毒性病害，生理性病害，苹果虫螨害，苹果根结线虫病害，苹果药害。简洁明了地展示和介绍了全国各地苹果生产中多发的侵染性病害20种，非侵染性病害12种，虫害20种，及其识别与防治要点；收集图片约210张。书中介绍的用于病虫害防治的农药品种，为目前市场上常见常用的药剂品种，因不同生产厂家生产的浓度或剂型不同，所以无法标注详细使用浓度。望广大读者在使用

1

过程中根据苹果品种、栽培方式、生长时期和栽培地生态环境条件合理选择，并严格按照产品使用说明书或在专业技术人员的指导下使用。

书中病虫害图片多数为笔者多年以来的积累，部分来源于烟台市农业科学研究院王英姿老师、青岛农业大学张振芳教授、山东农业大学毛志泉教授及邱强主编的《原色苹果病虫图谱》（第3版），王江柱、王勤英主编的《苹果病虫害诊断与防治图谱》，李培勋主编的《苹果 梨 葡萄 桃树 大樱桃周年现代化管理图解》和网络发布，在此同表感谢。感谢为本书编写提供帮助和指导意见的中原农民出版社段敬杰老师、青岛农业大学李保华教授以及烟台现代果业科学研究院技术部老师和果业通网络平台的各位专家！同时,感谢青岛农业大学原永兵教授为本书题写了"跋"。

由于笔者工作经验和所积累的资料有限，书中不足之处在所难免，望广大读者不吝赐教，以便再版时修订、完善。此书的出版，如能为中国苹果产业发展，做出一点小小的贡献，笔者将会倍感欣慰！

隋秀奇

于烟台现代果业科学研究院

2019年8月16日

—— 目　录 ——

一、真菌性病害

真菌性病害是由植物病原真菌引起的一类病害，在苹果病害中比例可达80%以上，在单棵果树上可以发生几种甚至十几种真菌性病害，并且病害的发生规律与天气状况和果园地理条件、管理水平有极大的相关性。

苹果上真菌性病害的侵染多为循环型，病菌以特殊形态或孢子越冬，土壤、树皮、病残组织、枯枝落叶和转主寄主是主要越冬场所，主要通过风雨、昆虫和农事操作传播。真菌可直接侵入寄主表皮危害，有时病害、虫害、机械伤也会导致某些弱寄生菌侵入，或多种病菌复合侵染，使病害加重。

常见病症

腐烂、白粉、轮纹、斑点、锈粉、霉状物、红点、黑点等。大多可以用肉眼直接观察到，病症的出现与器官、部位、生长发育时期、外界环境有密切关系，病症出现的速度受温、湿度和树势影响较大，条件适宜时发生迅速，条件不适宜时有时可自行停止。病症表现与病原真菌的分类有关。

有效防治措施

农业防治　增强树势，提高树体抵抗力。合理施肥，及时灌溉排水，合理修剪。注意剪锯口的保护，减少树体创伤。春秋季及时清园，降低病原菌基数。

物理防治　人工清除病枝，带出园外焚毁。人工刮除病部。

化学防治　化学防治收效迅速，方法简便，急救性强，且受地域性和季节性限制少，在病虫害综合防治中占有重要地位。

苹果常用药剂有保护性药剂（波尔多液、代森锰锌、百菌清等）和治疗性药剂（甲基硫菌灵、多抗霉素、春雷霉素、井冈霉素、乙膦铝、戊唑醇、丙环唑、氟硅唑等）。

（一）轮纹病

　　苹果轮纹病是苹果枝干重要病害之一，除侵染枝干外，也可侵染果实，引起烂果，症状表现为干腐病斑和轮纹病瘤两种。

1. 发病症状　如图1-1-1~图1-1-12所示。

图1-1-1　枯枝型干腐病

图1-1-2　溃疡型干腐病

图1-1-3　溃疡型干腐病"出水"初期

图1-1-4　环剥过重树势弱导致主枝皮部发生纵裂干腐病

图1-1-5　干腐病引起的死小枝

图1-1-6　冻害引起的干腐病　　　　　图1-1-7　干腐病引起的死大枝

图1-1-8　冻害干腐病导致幼树干枯

图1-1-9　树干轮纹病

图1-1-10　枝条轮纹病

图1-1-11　嫩枝轮纹病

图1-1-12　幼树枝干轮纹病

2. 识别与防治要点　见表1-1。

表1-1　轮纹病识别与防治要点

危害部位	主要危害成龄树和幼树的枝干，也可侵染果实
发病条件	（1）树势衰弱，严重的干旱和涝害、冻害，枝干伤口多等都是病害发生流行的重要因素。近几年，因干旱造成的新植幼树干腐病发生严重 （2）病菌以菌丝体在枝干染病组织内越冬。生长期病菌产生的分生孢子通过雨水传播，从皮孔侵入，侵染当年生枝条及果实
发病时期	（1）干腐病菌在枝干病部越冬，第二年春天产生分生孢子，经风雨传播，由伤口或死亡的枯芽和皮孔侵入。山东省以6~8月和10月为两个发病高峰期 （2）整个生长季节均可发病，病菌在枝干病斑中越冬
危害症状	（1）成株主枝发生较多。枯枝型表现为初生淡紫色病斑，沿枝干纵向扩展，组织枯干，稍凹陷，较坚硬，表面粗糙、龟裂，病部与健部之间裂开，表面密生黑色小粒点。一般病斑只限在皮层较浅的部位，病皮干枯脱落，一般以皮孔为中心，形成暗红褐色圆形小斑，病斑表面常湿润，并溢出茶褐色黏液，俗称"冒油"，此为溃疡型表现。幼树定植后，初于嫁接口或砧木剪口附近形成不规则紫褐色至黑褐色病斑，沿枝干逐渐向上（或向下）扩展，使幼树迅速枯死。以后病部失水，凹陷皱缩，表皮呈纸膜状剥离，露出韧皮部。病部表面亦密生黑色小粒点，散生或轮状排列 （2）在枝干上，以皮孔为中心，形成瘤状凸起，后期病瘤边缘龟裂、病部翘起。病瘤中央凸起处出现散生黑色小粒点，发病严重时，许多病斑联合，致使表皮粗糙，因而又称"粗皮病"，但这和锰中毒引起的粗皮不同
防治药剂	十三吗啉，春雷·喹啉铜，松脂酸铜，多菌灵，甲基硫菌灵

（二）白粉病

1. 发病症状　如图1-2-1、图1-2-2所示。

图1-2-1　白粉病危害叶片

图1-2-2　白粉病危害花序

2. 识别与防治要点　见表1-2。

表1-2　白粉病识别与防治要点

危害部位	苹果幼芽、新梢、嫩叶、花、幼果等
发病条件	病菌以菌丝在冬芽的鳞片间或鳞片内越冬，春季萌芽时经气流传播。春季温暖干旱，有利于病害发生
发病时期	春梢和秋梢幼嫩组织生长期为发病盛期。在胶东地区，4~6月为发病盛期，8月底在秋梢上可再度蔓延危害
危害症状	芽：受害芽干瘪尖瘦 枝：病梢节间缩短，叶片细长、硬脆 叶：叶片正、背面均布满白粉 花：花器受损，花萼、花梗畸形，花瓣细长 果：萼洼或梗洼处产生白色粉斑，果实长大后形成锈斑
防治药剂	苯醚甲环唑，腈菌唑，戊唑醇

（三）红点病

1. 发病症状　如图1-3-1、图1-3-2所示。

图1-3-1　苹果红点病　　　　　图1-3-2　苹果摘袋后红点病

2. 识别与防治要点　见表1-3。

表1-3　红点病识别与防治要点

危害部位	果实
发病条件	红点病在套袋红富士苹果上发生较为普遍。苹果摘袋后，遇雨或大雾天气，容易发病。研究表明，病菌主要是斑点落叶病所致
发病时期	果实近成熟期
危害症状	发病后，果实出现小红点。苹果摘袋后，果皮细嫩，病菌容易感染，初期感染症状较少，但随着发病加重，果面上会出现多个小红点，对果实外观质量影响较大
防治药剂	井冈·嘧苷素，多抗霉素

（四）褐斑病

苹果褐斑病是引起早期落叶的主要病害，我国各苹果产区均有发生。发病严重可导致树势衰弱，果实不能正常成熟，对花芽质量和果品质量均有明显影响。

1. 发病症状　如图1-4-1~图1-4-4所示。

图1-4-1　轮纹形褐斑病

图1-4-2　针芒形褐斑病

图1-4-3　褐斑病危害不同表现

图1-4-4 褐斑病造成叶片脱落

2. 识别与防治要点　　见表1-4。

表1-4　褐斑病识别与防治要点

危害部位	叶片
发病条件	潮湿有利于病菌扩展，分生孢子可借风雨传播。发病受雨水影响，春雨多、秋雨早年份发病重。弱树、老树、树冠郁闭果园发病重，土层厚果园发病轻，土层薄的发病重
发病时期	雨季湿度大时，开始发病。在胶东地区，6月下旬开始发病
危害症状	（1）叶片发病初期叶面出现黄褐色小点，逐渐扩大为圆形，中心暗褐色，四周黄色，病斑周围有绿色晕，病斑中出现黑色小点，呈同心轮纹状，叶背暗褐色，四周浅黄色，无明显边缘 （2）病斑似针芒状扩展，边缘不明显。病斑小，数量多，后期叶片渐黄，病斑周围和背部为绿色 （3）病斑大且不规则，其上出现小黑点，暗褐色，后期中心灰白色，边缘有时仍为绿色 病斑使叶部变黄，但边缘仍保持绿色晕圈，是褐斑病的重要特征
防治药剂	波尔多液，十三吗啉，丙环唑，乙膦铝·锰锌，戊唑醇

（五）苹果锈病（赤星病）

苹果锈病俗称赤星病，因发病后期叶背面有丛生锈孢子器，形似山羊胡须，又被称为羊胡子病。苹果锈病病菌是一种转主寄生菌，桧柏类植物为其转主寄主。最近几年，在胶东地区已经成为苹果园叶部病害的优势种群。

1. 发病症状   如图1-5-1~图1-5-8所示。

图1-5-1   苹果锈病在叶片上发生初期

图1-5-2   苹果锈病危害叶片

图1-5-3　苹果锈病危害叶片后期

图1-5-4　苹果锈病危害叶片背面症状

图1-5-5　苹果锈病危害幼果及叶片

图1-5-6　苹果锈病危害幼果

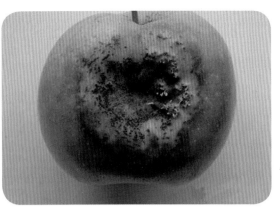

图1-5-7 苹果锈病危害果实后期症状

图1-5-8 苹果锈病在果实萼凹处危害症状

2. 识别与防治要点 见表1-5。

表1-5 苹果锈病识别与防治要点

危害部位	主要危害叶片、嫩梢，也危害果实和枝条
发病条件	气温高于14℃且多雨天气，易引起锈病的发生。病菌以菌丝体在桧柏等树上的菌瘿中越冬，翌年春，冬孢子萌发，产生大量担孢子，随风传到苹果树上，锈孢子成熟后再随风传到桧柏等树上危害
发病时期	4~6月为高发期
危害症状	叶：发病初期叶正面有橙黄色具光泽小斑点，逐渐发展成圆形病斑，病斑边缘常呈红色。6月中旬左右，病斑背面隆起，丛生淡黄色细管状物，形似山羊胡须，为锈孢子器 果：幼果染病果面产生圆形黄色病斑，发病后期在病斑周围产生细管状锈孢子器，生长停滞，多为畸形果 枝：幼苗、嫩枝病斑为梭形，橙黄色，后期病斑凹陷开裂，易从病部折断
防治药剂	苯醚甲环唑，腈菌唑，戊唑醇，十三吗啉

（六）霉心病

霉心病又称心腐病、果腐病，是苹果的重要病害之一，在我国各个苹果产区均有发生，以元帅系、红富士苹果受害最重。

1. 发病症状 如图1-6-1~图1-6-4所示。

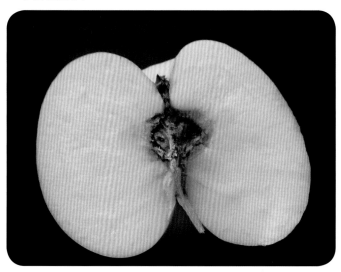

图1-6-1 霉心病危害果心

图1-6-2 霉心病果实心室中霉状物

图1-6-3　霉心病突破心室危害果肉

图1-6-4　霉心病烂至果实表面

2. 识别与防治要点　见表1-6。

表1-6　霉心病识别与防治要点

危害部位	果实
发病条件	病菌在花期通过柱头侵入，发病程度与花期环境湿度和品种密切相关，花期前后阴雨潮湿的环境发病重
发病时期	从幼果期到果实成熟期、贮藏运输期均可发生
危害症状	从心室开始发病，逐渐向外扩展，分为霉心型和心腐型2种 霉心型：心室发霉，内有粉红、灰绿、灰白、灰黑等色霉状物 心腐型：病变突破心室向外腐烂，严重时可烂到果实表面，腐烂果肉味苦，无法食用
防治药剂	井冈·嘧苷素，中生菌素，多抗霉素

（七）白绢病

白绢病，又叫茎基腐烂病，分布很广，主要危害苹果、梨、桃、葡萄等果树，另外还危害花生、大豆、瓜类、番茄、桑、茶、杨、柳等多种作物和植物。

1. 发病症状　如图1-7-1、图1-7-2所示。

图1-7-1　白绢病危害苹果幼树

图1-7-2　白绢病危害苹果大树根颈

2. 识别与防治要点　　见表1-7。

表1-7　白绢病识别与防治要点

危害部位	果树或苗木的根颈部，距地表5~10厘米处最多
发病条件	高温多雨季节易发病
发病时期	全年均可发病，高温、潮湿病斑蔓延速度快
危害症状	发病初期，根颈表面形成白色菌丝，表皮呈水渍状褐色病斑。在潮湿条件下，病部进一步发展，根颈部的皮层腐烂，有酒糟味，并溢出褐色汁液。后期在病部或附近地表裂缝中出现棕褐色菌核。病株地上部分叶片变小发黄，枝条节间缩短，结果多而小，根颈部病斑环绕树干后，一般在夏季会突然全株枯死
防治药剂	井冈·噻呋酰胺，硫酸铜，十三吗啉

（八）套袋果实坏死斑点

套袋果实坏死斑点，是由于腐生病菌从果面上的伤口侵入果肉危害，导致果肉坏死，使果面呈现腐烂病瘢。最近几年该病害在套袋苹果上发生呈加重趋势。

1. 发病症状 如图1-8-1、图1-8-2所示。

图1-8-1 果实坏死斑点

图1-8-2 腐生病菌感染伤口，
形成腐烂大病斑

2. 识别与防治要点 见表1-8。

表1-8 套袋果实坏死斑点识别与防治要点

危害部位	套袋苹果果实
发病条件	树势弱，果园郁闭，大量使用氮肥，干旱，降雨过多，缺钙等，果面上有伤口产生，腐生病菌感染
发病时期	果实生长后期
危害症状	果肉坏死，果面呈现腐烂病斑
防治措施	科学施肥，强壮树势；加大硅钙肥使用；套袋后，加大雨季用药预防力度

（九）苹果重茬病

苹果重茬病，也称连作障碍，是由土壤微生物群落结构恶化，特别是有害真菌数量明显增加、土壤理化性状变劣（酸、碱化，自毒物质含量高）和土壤有机质含量过低（不足1%者普遍存在）引起，主要危害果树根系，导致树体矮小，长势弱，园相不整齐，根系不健康（烂根）等。

1. 发病症状　　如图1-9-1、图1-9-2所示。

图1-9-1　根系腐烂　　　　　　　　图1-9-2　树体矮小，园相不整齐

2. 识别与防治要点　　见表1-9。

表1-9　苹果重茬病识别与防治要点

危害部位	果树根系
发病条件	（1）有害微生物是引起苹果重茬病的主要原因 （2）连作土壤中酚酸类等物质，伤害根系、促菌生长 （3）土壤养分失衡 （4）土壤环境恶化（酸碱度、土壤物理性状）
发病时期	苹果生长期
危害症状	（1）树体矮小，长势弱，园相不整齐，根系腐烂 （2）产量低、品质变劣 （3）病虫害严重
防治措施	（1）冬前开挖定植沟（穴），清除残根 （2）栽植前树穴土拌施龙飞大三元复合微生物肥料和EM原露 （3）定植后前2~3年，树盘范围撒播葱种 （4）冬季撒施棉隆熏蒸，旋耕混匀 （5）选抗重茬砧木

（十）煤污病

1. 发病症状　如图1-10-1~图1-10-3所示。

图1-10-1　苹果表皮煤污病

图1-10-2　果园湿度大产生煤污病

图1-10-3　果园郁闭产生煤污病

2. 识别与防治要点　见表1-10。

表1-10　煤污病识别与防治要点

危害部位	果实
发病条件	果园郁闭、湿度大、通风透光条件差，内腔和下部发病更重
发病时期	果实近成熟期
危害症状	染病果面产生黑灰色不规则病斑，果皮表面附着黑灰色霉状物。发病初期病斑较淡，与健部分界不明显，随病害发展，颜色逐渐加重。果实染病初期有数个小黑斑，逐渐扩展成大斑，严重影响果实的外观质量
防治药剂	波尔多液，井冈·嘧苷素，乙膦铝·锰锌

（十一）斑点落叶病

斑点落叶病是我国苹果产区经常发生的一种病害，也是造成早期落叶的原因之一，影响树势和花芽形成。

1. 发病症状　如图1-11-1。

图1-11-1　斑点落叶病危害叶片症状

2. 识别与防治要点　见表1-11。

表1-11　斑点落叶病识别与防治要点

危害部位	新梢嫩叶
发病条件	高温多雨易发病，春季干旱病害始发期推迟，夏季降雨多，发病重。树势较弱，通风透光不良，地势低洼，地下水位高，枝叶细嫩，易发病。病菌孢子可随气流、风雨传播
发病时期	春梢生长期和秋梢生长期，是侵染盛期。在胶东地区，5~6月为发病高峰期
危害症状	斑点落叶病病斑圆形或椭圆形，发病初期叶片出现褐色小斑点，有紫红色晕圈，边缘清晰，天气潮湿时，病斑反面长出黑色霉层。病害继续发展，数个病斑相连，最后叶片枯死脱落。幼嫩叶片受侵染后皱缩、畸形
防治药剂	多抗霉素，扑海因，吡唑醚菌酯，井冈·嘧苷素

（十二）枝干腐烂病

枝干腐烂病俗称烂皮病，在苹果产区均有发生，是对苹果生产威胁很大的毁灭性病害，特别是在老果园发生严重。

1. 发病症状　如图1-12-1~图1-12-6所示。

图1-12-1　剪锯口腐烂病

图1-12-2　剪锯口干桩引发腐烂病

图1-12-3　果台枝腐烂病

图1-12-4　绿枝腐烂病

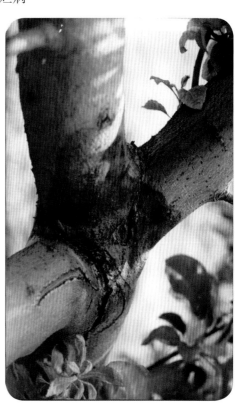

图1-12-5　树杈处腐烂病

图1-12-6 腐烂病病斑

2. 识别与防治要点　见表1-12。

表1-12　枝干腐烂病识别与防治要点

危害部位	主要危害果树枝干，特别是主干分叉处最易发生，幼树、苗木及果实也可受害
发病条件	致病菌为弱寄生菌，树势衰弱，愈伤能力低是引起腐烂病发生流行的主要因素。树体负载量过大，树体遭受冻害或日灼，树体营养条件差，树体含水量不合理，树体受雹伤及虫害，修剪不当等，都有可能引起腐烂病的发生
发病时期	发病高峰期在2~4月，树体处于休眠期，抵抗力最弱，病斑扩展快。10下旬至11月树体渐入休眠期，生活力减弱，病菌活动加强，出现发病小高峰。3~5月为病菌侵染高峰期
危害症状	症状表现为溃疡和枝枯2种类型，以溃疡型为主。初期病部呈红褐色，略隆起，水渍状，组织松软，病部流出黄褐色汁液，病皮极易剥离。后期病斑失水干缩，变黑褐色下陷，其上生有黑色小粒点
防治药剂	春雷·喹啉铜，十三吗啉，松脂酸铜

（十三）轮纹烂果病

轮纹病和干腐病，皆可以危害苹果果实，危害果实表现的症状相同，统称为轮纹烂果病，该病主要危害红富士苹果。

1. 发病症状 如图1-13-1所示。

图1-13-1 轮纹烂果病危害果实

2. 识别与防治要点 见表1-13。

表1-13 轮纹烂果病识别与防治要点

危害部位	果实
发病条件	通过风雨传播，不断侵染果实和枝条（无再侵染）。自谢花后的幼果至采收前的成熟果实，病菌均可侵入，但侵染期集中在6~7月。病菌侵入幼果后，潜伏在侵染点不扩展（果实中酚含量高），仅近成熟期开始发病
发病时期	轮纹烂果病发病高峰期分别在采收期和贮藏30天内
危害症状	果实病斑以皮孔为中心，初期形成水渍状褐色小点，很快呈同心轮纹状向四周扩大并有茶褐色黏液溢出，条件适宜时，几天内可使全果腐烂
防治药剂	多菌灵，甲基硫菌灵，吡唑醚菌酯，苯醚甲环唑，扑海因等

（十四）炭疽叶枯病

　　炭疽叶枯病首先在嘎啦苹果上发现，后来向红富士苹果发展，是近年来由炭疽病病菌变异引起的新病种。在合适的发病条件下，炭疽叶枯病发病速度快，危害程度重，已成为苹果园的主要病害之一。

1. 发病症状　　如图1-14-1~图1-14-8所示。

图1-14-1　炭疽叶枯病危害叶片

图1-14-2　炭疽叶枯病叶片背面

图1-14-3　炭疽叶枯病引起落叶

图1-14-4 炭疽叶枯病危害果实

图1-14-5 炭疽叶枯病引起落果

图1-14-6　全园发生炭疽叶枯病

图1-14-7　全园发生炭疽叶枯病落叶

图1-14-8　套袋苹果园发生炭疽叶枯病

2. 识别与防治要点　见表1-14。

表1-14　炭疽叶枯病识别与防治要点

危害部位	主要危害叶片，也危害果实
发病条件	（1）连续降雨或雨后持续阴天达5~7天，有不同程度的内涝现象 （2）土壤、根系、叶片表现酸化现象 （3）雨后立即晴天高温，温度达30℃以上 （4）高温、高湿易引起该病发生
发病时期	苹果套袋后
危害症状	病害初期产生深褐色坏死斑点，边缘不明显，逐渐扩展成深褐色病斑，形状不规则，常有黄色晕圈，在高温、高湿下病斑扩展迅速，1~2天即可蔓延到整张叶片，使叶片变褐坏死，焦枯脱落，树体大量落叶
防治药剂	波尔多液，苯甲·丙环唑（或苯甲·二氰）+乙膦铝·锰锌

（十五）炭疽病

苹果炭疽病又称苦腐病，在我国大部分苹果产区均有发生，对果实危害极大。

1. 发病症状　如图1-15-1~图1-15-5所示。

图1-15-1　炭疽病危害苹果果实

图1-15-2　炭疽病危害苹果症状

图1-15-3　嘎啦苹果上暴发炭疽病

图1-15-4 炭疽病危害富士苹果

图1-15-5 炭疽病病斑中心黑色小点状孢子盘

2. 识别与防治要点　见表1-15。

表1-15　炭疽病识别与防治要点

危害部位	主要危害果实
发病条件	病菌孢子通过风雨飞溅落到果面上，经皮孔、伤口或直接侵入果实，整个生长期内有多次再侵染。炭疽病病菌具有潜伏侵染特性
发病时期	6月中旬为侵染盛期，7月后随果实糖度增高而发病
危害症状	发病初期，果面出现淡褐色水浸状小圆斑，并迅速扩大。果肉软腐味苦，果心漏斗状变褐，表面下陷，呈深浅交错的轮纹状，若环境适宜腐烂迅速，则轮纹不明显。当病斑扩大到1厘米以上时，在病斑表面形成黑色小粒点，即为病菌的分生孢子盘，呈同心轮纹状排列。潮湿条件下，病斑变为黑褐色，并逐渐扩展，最后全果腐烂，大多脱落，也有干缩于树上的黑色僵果，为第二年主要侵染菌源之一
防治药剂	多菌灵，甲基硫菌灵，吡唑醚菌酯，二氰蒽醌，咪鲜胺

（十六）疫腐病

　　苹果疫腐病又称实腐病、颈腐病，该病是一种土传病害，多雨年份，此病蔓延会造成叶片、果实大量腐烂。

1. 发病症状　　如图1-16-1~图1-16-3所示。

图1-16-1　疫腐病病果

图1-16-2　全园发生疫腐病

图1-16-3　大量受害果实

2. 识别与防治要点　见表1-16。

表1-16　疫腐病识别与防治要点

危害部位	可危害果实、根颈和叶片
发病条件	侵染近地面的下裙枝的叶片，60厘米以下的果实受害最重。苹果幼果期低温高湿有利于发病
发病时期	第一个时期：春季低温向夏季高温过渡的中温阶段遇到连续阴雨高湿，主要侵染幼果期下层近地面果实 第二个时期：夏季遇到连阴雨，主要侵染根颈部，引起根颈部发生腐烂，甚至造成死树 第三个时期：夏季高温向秋季低温过渡的中温阶段遇到连阴雨降温，主要侵染近成熟的果实，引起果实变褐腐烂呈失水皮球状
危害症状	果：果实上病斑不规则，呈深浅不均匀的红褐色，边缘水渍状，病斑处表皮和果肉分离，外层似蜡状。果肉腐烂并延伸到果柄，病部空隙处生有白色绵毛状菌丝体 根颈：受害皮层呈褐色腐烂状，病部扩展直至整个根颈部环割腐烂 叶：叶部病斑多从叶缘开始出现，呈不规则状，灰褐色或暗褐色，水渍状，天气潮湿时，可迅速扩及全叶，导致叶片腐烂
防治措施	（1）矮化密植园提倡高定干，一层主枝提到80厘米以上，近地面60厘米以内无下裙枝、叶片和果实 （2）谢花后套袋前遇到降雨引起的低温，应用保护性的吡唑醚菌酯、苯甲·丙环唑、75%苯甲·二氰水分散粒剂、乙膦铝·锰锌等药剂防治 （3）夏季雨频高湿应用波尔多液保护叶片，兼顾苹果根颈部 （4）苹果生长中后期遇到连阴雨，尤其是接近成熟期应用内吸性霜脲·锰锌、霜脲氰等药剂保护果实

（十七）套袋果实黑点病

苹果黑点病是影响果实外观品质的主要病害之一，谢花后至套袋前，多雨年份，是套袋苹果主要发生的病害。

1. 发病症状　如图1-17-1~图1-17-3所示。

图1-17-1　萼凹黑点病

图1-17-2　套塑料袋产生的黑点

图1-17-3　摘袋后萼凹周围黑点

2. 识别与防治要点　见表1-17。

表1-17　套袋果实黑点病识别与防治要点

危害部位	主要危害果实
发病条件	花期多雨易染病，靠分生孢子传播蔓延
发病时期	果实套袋后及摘袋后易发病
危害症状	发病初期，围绕果实皮孔出现深褐色或黑褐色的病斑，大小不一，形状不规则，略凹陷。后期病斑上有小黑点，即为病菌子座或分生孢子器
防治药剂	井冈·嘧苷素，多抗霉素，苯醚甲环唑，吡唑醚菌酯

二、细菌性病害

细菌性病害是由细菌侵染所致的病害，危害植物的细菌都是杆状菌，大多数具有一至数根鞭毛，可通过自然孔口（气孔、皮孔、水孔等）和伤口侵入，借流水、雨水、昆虫等传播，在病残体、种子、土壤中过冬，在高温、高湿条件下容易发病。

常见病症

腐烂　由于细菌分泌的果胶酶的分解作用，而使受害植物的根、茎、块根、块茎、果实、穗等肥厚多汁器官的细胞解离、组织崩溃腐烂，如软腐病。

坏死　主要发生在叶片和茎杆上,出现各种不同的斑点或枯焦。

萎蔫　因细菌寄生在维管束内堵塞导管或因细菌毒素而引起，如青枯病。

黄化矮缩　在木质部寄生的细菌使植株表现黄化、萎缩。

肿瘤　由于细菌刺激，使苹果根系细胞增生、组织膨大而形成肿瘤，如苹果根瘤病。

我国苹果受害严重的是根瘤病，苹果根系被该细菌侵染后，常导致根部畸形，呈肿瘤状，严重消弱树势，影响产量和品质。

有效防治措施

农业防治　增强树势，提高树体抵抗能力；做好修剪等人为伤口的保护，避免细菌侵染伤口；提高果园管理，避免果园郁闭、旱涝不均等情况造成的细菌感染。

化学防治　主要选用杀灭细菌的药物进行防治。

根瘤病

　　根瘤病也称根癌病，是一种由细菌所引起的病害。该病主要发生在根颈、侧根上及嫁接口处，发生根瘤病的树长势会衰弱，产量降低。该病大多发生在老龄果树，但最近几年，根结线虫危害也易导致根瘤菌侵染，所以，在预防上，我们既要对病菌进行预防，也要加大对根结线虫的防治。

1. 发病症状　如图2-1-1、图2-1-2所示。

图2-1-1　根瘤病根部表现　　　　　图2-1-2　根瘤部位变褐木质化

2. 识别与防治要点　见表2-1。

表2-1　根瘤病识别与防治要点

危害部位	根系
发病条件	老龄果树、土壤黏重容易发病
发病时期	果树生长季节皆可发病
危害症状	发病初期，病部形成灰白色瘤状物，表面粗糙，内部组织柔软，为白色。病瘤增大后，表皮枯死，变为褐色至暗褐色，内部组织坚硬，木质化，大小不等。根结线虫危害果树根部，表现为在幼根的须根上形成球形或圆锥形大小不等的白色根瘤，有的呈念珠状
防治措施	加大生物菌肥的使用，以菌治病或治虫；荧光假单孢杆菌，乙蒜素，硫酸铜溶液，或井冈·噻呋酰胺悬浮剂灌根

三、病毒性病害

　　由植物病毒寄生引起的病害叫作病毒性病害。植物病毒必须在寄主细胞内营寄生生活，专一性强，某一种病毒只能侵染某一种或某些植物，但也有少数危害广泛。一般植物病毒只有在寄主活体内才具有活性；仅少数植物病毒可在病株残体中保持活性几天、几个月，甚至几年，也有少数植物病毒可在昆虫活体内存活或增殖。

　　蚜虫是植物病毒的主要传播者。高温、干旱、蚜虫危害重、植株长势弱、重茬等，易引起病毒性病害的发生，病毒还可通过摩擦、打杈、修剪等方式传播。

常见病症

　　花叶　病叶、病果出现不规则褪绿、浓绿与淡绿相间的斑驳，植株生长无明显异常，但严重时病部除斑驳外，病叶和病果畸形皱缩，植株生长缓慢或矮化，结小果，果难以转红或只局部转红，僵化。

　　黄化　病叶变黄，严重时植株上部叶片全变黄色，形成上黄下绿，植株矮化并伴有明显的落叶。

　　畸形　表现为病叶增厚、变小或呈蕨叶状，叶面皱缩，植株节间缩短，矮化，枝叶丛生呈丛簇状。病果呈现深绿与浅绿相间的花斑，或黄绿相间的花斑，病果畸形，果面凹凸不平，病果易脱落。

有效防治措施

　　脱毒　解决病毒病最根本的措施就是培育无毒苗木，现阶段一般是超低温处理和热处理相结合。

　　预防　病毒病一经侵染终身带毒，故以预防为主。一方面要及时检查清除患病植株和传播介体，另一方面要采取农业技术措施，加强管理，增强树势，提高树体抗病性。

（一）苹果花叶病

1. 发病症状　如图3-1-1、图3-1-2所示。

图3-1-1　全树花叶病

图3-1-2　苹果花叶病

2. 识别与防治要点　见表3-1。

表3-1　苹果花叶病识别与防治要点

危害部位	主要危害叶片
发病条件	（1）带毒接穗、带毒砧木是病毒病的主要侵染来源 （2）嫁接时通过剪、刀、锯等作业工具交叉感染是病毒病的主要传播方式 （3）刺吸性口器害虫危害也是花叶病侵染传播一个主要途径 （4）壁蜂授粉也可传播花叶病毒病 （5）地下根部交叉生长也可传染病毒病
发病时期	4~5月是发病盛期，但在夏季有高温隐症现象
危害症状	苹果花叶病叶片症状有5种症状类型 斑驳型：病斑形状不规则，大小不一，呈鲜黄色，边缘清晰，常数个病斑愈合在一起形成大斑。是花叶病中出现最早、最常见的症状类型 网斑型：病叶沿叶脉失绿黄化，并蔓延至附近的叶肉组织，有时仅主脉和支脉黄化，有时连小脉也黄化呈网纹状 环斑型：病叶产生圆形或椭圆形鲜黄色环状斑纹 镶边型：病叶边缘黄化，在叶缘处形成一条很窄的黄色镶边，而病叶的其他部分则完全正常 花叶型：病斑不规则，有较大的深绿与浅绿的色变，边缘不清晰
防治措施	通过组织培养培育无毒苗木，实行苗木脱毒，栽培无病毒苗木

（二）花脸型苹果锈果病

苹果锈果病是一种类病毒病，包括3种类型：一是锈果型；二是花脸型；三是锈果花脸型，既有锈斑又有花脸的复合症状。其中花脸型锈果病是红富士苹果上发生最为严重的一种锈果病。

1. 发病症状   如图3-2-1~图3-2-4所示。

图3-2-1   花脸型苹果锈果病

图3-2-2   花脸型苹果锈果病造成果面有凹凸感

图3-2-3　花脸型苹果锈果病造成果
面着色不均匀

图3-2-4　花脸型苹果锈果病果面症状

2. 识别与防治要点　见表3-2。

表3-2　花脸型苹果锈果病识别与防治要点

危害部位	主要危害果实
发病条件	（1）嫁接传染 （2）修剪传染 （3）刺吸式口器害虫传播病毒 （4）根部接触传染和土壤传染 （5）壁蜂或蜜蜂授粉也能传播病毒病
发病时期	苹果成熟上色开始，果面出现花脸症状
危害症状	苹果刚摘袋时果面无明显症状，2～3天后，随着果实着色，开始出现花脸症状。果面散生多处近圆形黄绿色斑块。果实成熟后，果面呈现出红绿相间、凹凸不平的花脸症状
防治措施	（1）选用无毒接穗和砧木，培育无毒苗木 （2）清除感病植株 （3）严格实行植物检疫制度 （4）加强果园管理，提高树体抗病力，及时进行病虫害预防

四、生理性病害

由非生物因素即不适宜的环境条件引起的病害叫作生理性病害，这类病害没有病原物的侵染，不能在植物个体间互相传染，所以也称非传染性病害。生理性病害具有突发性、普遍性、散发性、无病症的特点，可由各种因素引起，其中黄化、小叶、花叶等缺素症状，更为植物所常见，有的易与病毒病混淆，确诊时需全面分析观察。

常见病症

突发性　病害在发生发展上，发病时间多数较为一致，往往有突然发生的现象。病斑的形状、大小、色泽较为固定。

普遍性　通常是成片、成块普遍发生，常与温度、湿度、光照、土质、降水或灌水、施肥，及工厂"三废"等特殊条件有关，因此无发病中心，相邻植株的病情差异不大，甚至附近一些不同的作物或杂草也会表现出类似的症状。

散发性　多数是整个植株呈现症状，且在不同植株上的分布比较有规律，若采取相应的措施改变环境条件，植株一般可以恢复健康。

有效防治措施

加强土、肥、水的管理，平衡施肥，增施有机肥料，合理使用大化肥和微量元素肥，合理控制果树负载量，强壮树势。

在修剪时要注意四季修剪相结合，合理留枝留叶，避免日灼和果园郁闭引起的果实受损。

在套袋等农事操作过程中要注意操作合理性，避免果锈的产生。

在施肥用药的过程中要注重肥料和药剂的质量与使用合理性，避免过多或过少造成苹果质量下降，还要注意避免药害和肥害。

苹果采摘后及时施用"月子肥"，促进树体养分积累和花芽形成，生长季及时喷布叶面肥补充中微量元素等。苹果采摘后的贮藏过程也要注意贮藏环境对果品质量的影响，避免贮藏期生理性病害。

（一）缺钙苦痘病

缺钙苦痘病，是套袋红富士苹果发生的最为严重的生理性病害，是对苹果产区套袋红富士果品质量和效益影响最大的一种生理性病害。

1. 发病症状 如图4-1-1~图4-1-2所示。

图4-1-1　缺钙苦痘病病果

图4-1-2　环剥过重，缺钙苦痘病发生严重

2. 识别与防治要点　见表4-1。

表4-1　缺钙苦痘病识别与防治要点

危害部位	果实
发病条件	果实缺钙。土壤中氮、磷、钾、镁过多，可影响植物对钙的吸收。天气干旱，土壤干燥阻碍钙的吸收。酸性土壤中，钙容易流失
发病时期	果实近成熟期及贮藏期
危害症状	（1）初发部位是果实皮下浅层果肉，先变为褐色，之后干缩呈海绵状 （2）果肉发病后，逐渐在果面上，形成圆形稍凹陷的变色斑，在红色品种红富士苹果上病斑为暗红色 （3）后期病变渐向深层果肉发展，果肉干缩，呈凹陷的褐斑，果肉味微苦。如果8月、9月遇到大雨，患病部位被腐生病菌感染，则会腐烂形成大病斑
防治措施	苹果落花后及8月果实膨大期地下及叶面同时补钙 加强综合管理，春季改良酸化土壤，生长季要控制氮肥的使用等

（二）缺硼症

苹果缺硼，不但制约果实生长，也影响枝条和叶片的生长，是近年来各苹果产区影响苹果产量和品质的重要缺素生理性病害。

1. 发病症状　如图4-2-1、图4-2-2所示。

图4-2-1　幼果缺硼症状

图4-2-2　缺硼引发旱斑病

2. 识别与防治要点　见表4-2。

表4-2　缺硼症识别与防治要点

危害部位	主要危害果实，严重时也危害枝梢和叶片
发病条件	土壤或株体缺硼 一般山地沙石土、棕壤土含硼量在临界值之下，为潜在的缺硼状态；土层薄缺乏有机质的土地受雨水冲刷也容易缺硼 土壤酸化、有机质含量不足引起硼素随水跑漏，是造成渤海湾果区多雨年份苹果缺硼的主要原因 土壤偏碱性钙离子和硼酸根形成沉淀也会引起缺硼 土壤干燥板结，氮肥使用过多都会加剧缺硼症的发生 干旱年份，缺硼现象加重
发病时期	全生育期均可发病
危害症状	主要表现在果实上 （1）落花后半月幼果易发病，发病初期幼果背阴面产生圆形红褐色斑点，病部果肉水渍状、半透明，病斑溢出黄褐色黏液。后期果肉坏死变褐，病斑干缩凹陷开裂 （2）生长后期果实发生较多，发病初期果实内部呈水渍状，褐色，果肉松软海绵状，之后木栓化。病果表面凹凸不平，手握有松软感，病部味苦，果面着色不均 （3）沿果柄周围的果面产生褐色细密横条纹锈斑，后期锈斑干裂。但果肉无坏死，只表现肉质松软
防治措施	秋季每亩施用硼砂1千克作基肥，补充微量元素硼；注意硼砂作基肥时必须同饼肥等有机混施，以防硼元素被土壤固定 苹果花期和幼果期叶面喷洒0.1%~0.2%硼砂水溶液，可预防因缺硼引起的旱斑病，提高坐果率

（三）缺锌小叶病

　　苹果小叶病主要是由缺锌导致的，但如果果园里喷布了草甘膦等除草剂，也会发生类似缺锌小叶病的症状。缺锌小叶病的预防，关键要抓住预防的关键时期，预防晚了，将影响新梢生长。

1. 发病症状　如图4-3-1~图4-3-3所示。

图4-3-1　缺锌小叶病

图4-3-2　枝条顶端表现缺锌小叶病

图4-3-3　全园缺锌小叶病

2. 识别与防治要点　见表4-3。

表4-3　缺锌小叶病识别与防治要点

危害部位	主要表现在新梢和叶片
发病条件	沙地果园土壤贫瘠，含锌量低，透水性好，锌容易淋失；灌水过多的果园锌也容易淋失；果树施用氮肥量过多，盐碱地锌被固化，土壤黏重，根系发育不良也容易发生小叶病
发病时期	新梢生长期枝叶细小，节间短
危害症状	枝：主要由于缺锌导致生长素合成受限，表现为叶片和新梢生长受阻，主干上部枝发芽迟，春天不能抽发新梢，或抽生出的新梢节间极短，梢端细叶丛生似菊花状。病枝上不易成花，花较小而色淡，不易坐果。即使结果，果实小且畸形 叶：锌与叶绿素的合成也有关系，缺锌时迟发芽叶呈丛枝状，新梢叶狭小，叶缘略向上卷或叶脉间失绿，叶色淡，甚至黄化、焦枯
防治措施	抓住预防的关键时间，每年3月8号前后，树上喷布3％硫酸锌+3％尿素溶液，主喷1~3年生枝

（四）缺铁黄叶病

　　苹果缺铁主要发生于碱性土壤果园。由于环剥等管理技术操作不当，及土壤酸化的影响，缺铁黄叶病发生呈加重趋势。缺铁黄叶病和苹果花叶病容易混淆，苹果花叶病是一种病毒性病害，老叶、嫩叶皆可表现症状；而缺铁黄叶病是缺素生理病害，主要表现在新梢叶片上。

1. 发病症状　　如图4-4-1~图4-4-3所示。

图4-4-1　新梢缺铁黄叶病

图4-4-2　新栽幼树缺铁黄叶病

图4-4-3　盐碱地新梢缺铁黄叶病

2. 识别与防治要点　见表4-4。

表4-4　缺铁黄叶病识别与防治要点

危害部位	主要表现在新梢和叶片
发病条件	盐碱地发生重；土壤酸化严重，铁元素流失重；环剥过重，地下铁元素运转受阻，也会加重缺铁黄叶病
发病时期	新梢生长期
危害症状	主要表现在新梢顶端的幼嫩叶片上。初期叶肉先变黄，叶脉两侧仍为绿色，叶片呈现出绿色网纹状。随着病势的发展，顶梢叶片变为黄白色，叶缘枯焦，叶片枯死脱落，出现枯梢现象
防治措施	春季地下撒施硫酸亚铁；新梢生长期，树上喷布硫酸亚铁

（五）锰中毒

锰中毒，是因苹果树体内锰过量引起的生理性病害。树体内锰元素过量，是由于土壤酸化加重，原本固定在土壤中的锰元素变为游离状态，被根系过量吸收，导致死枝、死树。该生理病害发生日趋加重，应当引起重视。

1. 发病症状　　如图4-5-1~图4-5-4所示。

图4-5-1　锰中毒枝条病斑开裂，叶丛枝

图4-5-2　锰中毒瘤状凸起

图4-5-3　锰中毒枝条皮下黑褐色坏死

图4-5-4　锰中毒导致全园果树粗皮病

2. 识别与防治要点　见表4-5。

表4-5　锰中毒识别与防治要点

危害部位	主要危害枝干
发病条件	土壤pH低于5时，土壤中的锰元素过度活跃易被树体吸收而产生锰中毒
发病时期	全年均可发病，夏季新梢突然死亡为明显表现
危害症状	（1）叶片小，从开花到谢花后1个月，叶丛枝的叶脉间多失绿呈黄色。从主干发出的徒长枝上的叶缘和叶脉间也呈黄色，易早落 （2）初期在1年生枝条上的皮部出现小凸起，逐渐扩大增多呈疣状，疣顶部开裂下陷。病树翌年春季发芽迟，常发生顶梢枯死现象。2年生枝条发生的疣状斑，一年后病部扩大，树皮呈轮纹状开裂而下陷。病皮的柔膜组织、筛管等有分散的坏死细胞，很快发展成为木栓层，树皮内部隆起 （3）发生严重的果树，花展不开，死枝、死树，甚至毁园。患锰中毒的枝，用刀割开皮层后，可见一个个黑点或一条条黑筋丝
防治措施	调理土壤，改良酸化土壤；树上喷布螯合锌、铁元素，置换树体内锰元素

（六）日灼症

苹果日灼症是由于强烈日光直接照射使果实或枝干等部位组织坏死，产生坏死斑，山地和丘陵果园发生较多，或套袋果实摘袋不合理导致，严重影响苹果品质。

1. 发病症状　　如图4-6-1、图4-6-2所示。

图4-6-1　苹果日灼果

图4-6-2　反光膜灼伤果面和叶片

2. 识别与防治要点　见表4-6。

表4-6　日灼症识别与防治要点

危害部位	主要危害果实，有时也危害枝干
发病条件	土壤水分供应不足，夏季久旱或排水不良，修剪不善、病虫危害导致的早期落叶，摘袋措施不合理等都容易发生日灼
发病时期	套袋后至苹果采摘为发病高峰期
危害症状	果：苹果日灼一般都发生在树冠南面，以西南方向为重，果实上发生烫灼状圆形斑，在果皮上呈现黄白色，无明显边缘，在果实着色时日灼斑块不着色。日灼严重的果肉逐渐硬化，果皮呈深褐色坏死 枝：苹果树南面或西南方向裸露的枝干，可发生浅紫红色块状或长条灼伤斑块。发病轻的仅皮层受伤，严重的皮层死亡，形成层和木质部外部也会死亡，小枝严重时枯死
防治措施	合理修剪，保证合理的枝叶密度 保证水肥管理，避免久旱及积水问题 合理摘袋，避免人为操作造成的日灼。如套红蜡袋，要分2次摘袋，第一次把外袋摘下后，隔2~3天再摘内袋，如果一次性把内外袋同时摘去，则容易发生日灼

（七）果锈

果锈是苹果对于外界刺激的一种抗逆反应，一直是苹果生产中的一个难题，几乎每年都有不同程度的发生，严重影响苹果品质。引起果锈的原因很多，在果实花后敏感期，幼果茸毛脱落，蜡质层、角质层未形成时，下皮细胞受外界刺激产生木栓形成层，而后分化出木栓化细胞形成果锈。根据发生的部位不同一般分为梗锈、胴锈、萼凹锈。梗锈不达果肩，对商品价值影响不大，但另2种果锈则会影响果实的经济价值。

1. 发病症状   如图4-7-1~图4-7-6所示。

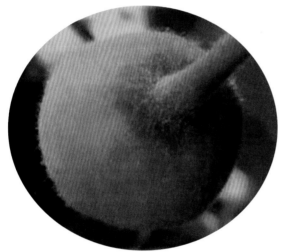

图4-7-1　低温导致梗凹果皮冻伤

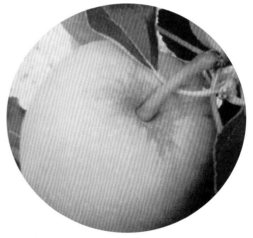

图4-7-2　梗凹冻害随果实膨
大表现出果锈症状

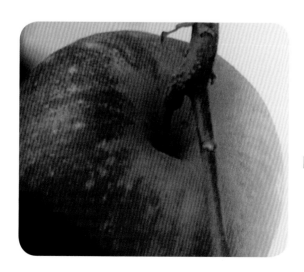

图4-7-3　梗凹冻锈在果实成熟时症状

图4-7-4 花芽质量差，结出的果抗逆
性差，果锈容易形成

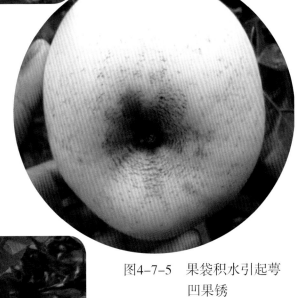

图4-7-5 果袋积水引起萼
凹果锈

图4-7-6 药害产生果锈

2. 识别与防治要点　见表4-7。

表4-7　果锈识别与防治要点

果锈类别	危害部位	发病条件	发病时期	危害症状	防治措施
梗锈	苹果果实梗凹至果肩部位	梗锈发生的主要原因是冻害，特别是营养基差、花芽质量差的果园；其次是套袋不严格，袋口未扎紧导致梗凹积水引起梗锈	一般在苹果套袋后摘袋前有明显症状	梗凹至果肩部位产生类金属锈状木栓层，使果实失去光泽，降低商品价值	在花期前后施药时加入芸薹素内酯+寡糖，预防花期冻害；秋天果实采收后及早足量喂入秋肥，以有机肥和菌肥为主，增强树势，促进花芽分化，提高花芽质量
萼凹果锈	苹果果实萼凹部位	套袋时袋底的疏水口未打开并遇持续高温天气	一般在苹果套袋后摘袋前有明显症状	果实萼凹处产生木栓层，从中间向四周延伸，严重影响果实的经济价值	套袋时将袋底疏水口打开
胴锈	苹果果实胴体部位	套袋前喷布刺激性农药或喷药方式刺激果面纸袋质量差，淋雨或打药后紧贴果面果园过度郁闭或枝叶量不足均会产生果锈地势低洼，土壤黏重，树势衰弱，负载量过大等，都会加重果锈的发生	一般在苹果套袋后摘袋前有明显症状	果实表面产生类似金属锈状的木栓层，一般呈星点状分布；发生严重时，锈层连成片，使果实表面失去光泽，果皮上锈斑处酷似马铃薯皮一般，严重影响果实的外观，降低果品的经济价值	（1）套袋前药剂选用可溶性好，刺激性小的剂型，选择正规厂家生产的药剂（2）施药注意细节，避免人工操作造成的刺激（3）选择质量好的纸袋（4）合理调控，避免果园郁闭和枝叶过少

（八）冰雹危害

苹果在幼果期或后期近成熟期易受冰雹危害，危害程度轻，果实可形成凹陷状干瘪或锈坑，危害严重，果实破碎或感染病菌腐烂完全失去商品价值，我国各苹果产区均有发生。

1. 发病症状　如图4-8-1所示。

图4-8-1　遭受冰雹果实果面症状

2. 识别与防治要点　见表4-8。

表4-8　冰雹危害识别与防治要点

危害部位	枝干、树叶、果实均可受害
发病条件	苹果产区出现冰雹天气又缺少防护设施
发病时期	幼果期和摘袋后受害重
危害症状	危害轻微的伤口可自行愈合，形成凹陷干瘪或锈坑，危害严重可将枝叶、苹果全部砸落，造成绝产绝收并影响树势
防治措施	最根本的解决措施是搭建防雹网 受害后树体要及时喷布杀菌药剂及营养液，防止病菌感染和树势衰弱

（九）裂果

　　随着近年来气候的变化以及有些果园管理水平不到位，裂果也成为影响苹果经济效益的一个重要因素。

1. 发病症状　如图4-9-1~图4-9-5所示。

图4-9-1　果实水裂纹

图4-9-2　果实轻微裂纹

图4-9-3　萼凹处裂纹

图4-9-4　贮藏期裂果

图4-9-5 果实局部裂纹

2.识别与防治要点　见表4-9。

表4-9 裂果识别与防治要点

危害部位	果实
发病条件	主要是因为水分供应不均或天气干湿变化很大，氮肥使用过多，果肉与果皮生长失衡导致
发病时期	一般近成熟及贮藏期苹果发病重
危害症状	裂果有很多方式，有的是纵裂，有的是梗凹裂口，也有从萼凹部位向侧面裂开，贮藏期果实也可发生裂果
防治措施	生长季水肥均匀，补足钙、硅等营养元素，尽量避免苹果爆炸式生长

（十）苹果霜环病

有些年份苹果落花后遇到低温，幼果受冻，果实萼凹周围出现环状伤疤，造成幼果大量脱落，严重时落果可达到一半以上。苹果霜环病在各个苹果产区均有发生。

1. 发病症状　如图4-10-1~图4-10-3所示。

图4-10-1　幼果受冻害

图4-10-2　苹果霜环病初期表现

图4-10-3　苹果霜环病随果实长大表现

2. 识别与防治要点　见表4-10。

表4-10　苹果霜环病识别与防治要点

危害部位	果实
发病条件	幼果期间遇低温是发病的主要原因，特别是低温与花期末幼果期相重合会出现苹果霜环病，地势低洼，管理差，树势弱更易受害
发病时期	幼果套袋后逐渐出现症状
危害症状	初期幼果萼片以上部位环状收缩，继而出现月牙形凹陷，逐步扩大为环状凹陷，深紫红色，下层果肉深褐色，木栓化。被害果实易脱落，少数未脱落果实继续生长到成熟，萼部之上有环状凹陷伤疤
防治措施	花期前后喷布防冻产品，如寡糖素+芸薹素内酯

五、虫害

危害植物的动物种类很多，其中主要的是害虫，但也有益虫，对益虫应加以保护、繁殖和利用。因此，认识昆虫、研究昆虫、掌握害虫的发生和消长规律，对于防治害虫，保护作物获得优质高产，具有重要意义。

常见害虫种类及危害部位

目前我国已发现危害苹果的害虫有350多种，常见的害虫有60多种，虽然大多苹果害虫不止危害苹果一个部位，但按危害部位可大致分为4类。

地下根部害虫　如地老虎、蝼蛄、蛴螬等。

枝干害虫　如天牛、苹果吉丁虫、介壳虫、蚱蝉、大青叶蝉、绵蚜等。

花、芽、叶害虫　如金龟子、金纹细蛾、蚜虫、卷叶蛾类等害虫以及各种螨类。

果实害虫　如食心虫类害虫、康氏粉蚧、棉铃虫、蟓类害虫等。

有效防治措施

农业防治　利用农业技术措施，在少使用或不使用农药的情况下，增强植物对虫害的抵抗力，控制害虫发生和传播的条件，避免或减轻虫害，经济消耗少，效果作用时间长，且不伤害天敌。农业防治在整个病虫害防治过程中占有十分重要的作用，贯彻的是"预防为主，综合防治"的方针，是害虫综合防治的基础。主要措施有合理栽培，增强树势，中耕松土，排涝抗旱。

物理防治　是利用各种物理因素，如光、热、电、温度、湿度、声波等防治虫害的措施，包括人工捕杀和清除。主要有捕杀法（人工剪除虫苞、刮除虫卵、振落捕杀具有假死性的害虫、捕杀天牛等），诱杀法（利用害虫的趋光性、趋化性等诱杀），烧杀法（冬季清园将枯枝落叶及其他越冬杂草集中焚烧，杀死越冬虫源）。

化学防治　主要指使用化学药剂防治虫害的方法。使用时要注意农药的质量、品种，严格按照国家要求和安全浓度使用。

生物防治　指利用益虫或其他生物来抑制或消灭害虫的方法。包括以菌治虫和以虫治虫，最大的优点是不污染环境。生物防治方法可以分为3种：一是微生物，现阶段使用的有白僵菌、苏云金杆菌等；二是捕食性天敌，包括草蛉、瓢虫、部分螨类、蜘蛛、有益鸟类等；三是寄生性天敌，如寄生蜂、寄生蝇等。

（一）天牛类

天牛类害虫，是苹果的主要蛀干害虫之一。除危害苹果外，还危害梨、海棠、沙果、樱桃、枇杷、柑橘等果树及桑、构、杨、柳、榆、柞等多种林木，在苹果产区周围有以上林木的果园受害较重。

1. 危害症状及害虫形态 如图5-1-1、图5-1-2所示。

图5-1-1 天牛危害状

图5-1-2 天牛（幼虫和成虫）

2. 识别与防治要点 见表5-1。

表5-1 天牛识别和防治要点

危害部位	主要危害树干，也食害嫩枝树皮及叶片
危害时间	幼虫全年均可危害，常在树干中生活2~3年
危害症状	主要以幼虫蛀食果树枝干木质部及髓部，排出大量粪屑。危害轻时，树势衰弱，生长不良，影响产量，受害重时植株枯死。成虫可食害嫩枝树皮及叶片，但不造成危害
发生规律	1~3年完成1代，以幼虫在被害枝干内越冬，春季开始活动危害，5~7月化蛹羽化。成虫喜欢在枝条上产卵，幼虫孵化后向上或向下蛀食，每隔一段距离咬出一排粪孔，10月幼虫逐渐老熟，在隧道的端部越冬
防治措施	在枝干被害处涂抹敌敌畏加渗透剂的合剂或用注射器将药液注入蛀孔内，将其杀死 发生量大可全树喷洒药剂，常用药剂有敌百虫、敌敌畏、杀螟硫磷、高氯氟氰菊酯等

（二）苹果绵蚜

苹果绵蚜又称赤蚜、血蚜，属于国内外检疫对象，主要危害苹果根系。

1. 危害症状及害虫形态　　如图5-2-1~图5-2-4所示。

图5-2-1　苹果绵蚜在枝条芽眼处危害

图5-2-2　苹果绵蚜集聚在枝条上危害

图5-2-3　苹果绵蚜在果实成熟时
　　　　　在芽眼处危害

图5-2-4　苹果绵蚜在老翘皮下越冬

2. 识别与防治要点　见表5-2。

表5-2　苹果绵蚜识别与防治要点

危害部位	枝干、叶腋、根部等
危害时间	5~7月和9月中旬以后为两个危害高峰期
危害症状	成群聚集在苹果枝干上的伤口处、叶腋处、根部等位置刺吸汁液，受害处形成瘤状凸起，被覆许多白色棉絮状物
发生规律	一年发生12~18代，以若蚜在树干伤疤、裂缝和近地表根部越冬。苹果绵蚜年周期发生有3次高峰。第一次高峰期为5月中旬至6月中旬。这期间，苹果绵蚜自当年生新梢基部一直迁移到新梢顶部。第二次高峰期为6月下旬至7月中旬。第三次高峰期为8月下旬至9月上中旬。以后随着温度的下降，苹果绵蚜虫口密度也随之降低，陆续进入越冬状态
防治措施	抓住关键防治时间：一是苹果萌芽前用药；二是苹果展叶至开花期，即苹果绵蚜出蛰期。这时候苹果绵蚜发生整齐，抗性低，易杀灭；三是苹果绵蚜发生的3次高峰期。应用螺虫乙酯、吡虫啉效果较好

（三）桃小食心虫

　　桃小食心虫又名桃蛀果蛾，属于鳞翅目，主要以幼虫蛀食果实，以苹果、梨、枣、山楂受害最重，是渤海湾果区、黄河故道、西北黄土高原苹果园第一大果实害虫。

1. 危害症状及害虫形态　　如图5-3-1~图5-3-7所示。

图5-3-1　桃小食心虫初始危害状

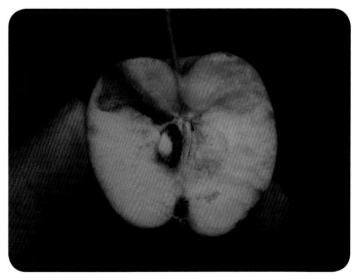

图5-3-2　桃小食心虫蛀食果心

图5-3-3　桃小食心虫排出虫粪

图5-3-4　桃小食心虫危害后果实畸形

图5-3-5 桃小食心虫危害果实

图5-3-6 桃小食心虫脱果后果实腐烂

图5-3-7 桃小食心虫虫卵

2. 识别与防治要点 见表5-3。

表5-3 桃小食心虫识别与防治要点

危害部位	主要危害果实
危害时间	6~7月为发生盛期
危害症状	桃小食心虫以幼虫蛀食果实，表现系列典型被害症状：幼虫多从萼凹周围蛀果，蛀孔处流出泪珠状果胶滴，果农戏称 "流眼泪"；幼虫在果内串食果肉，随着果实的迅速膨大，造成果实畸形，果农戏称 "猴头果"；幼虫蛀入心室，取食种子，排泄粪便，充斥果心，果农戏称 "豆沙馅"；幼虫脱果时留有绿豆粒般大小直通果心的 "脱果孔"
发生规律	桃小食心虫年发生多为2代，出蛰盛期为6月上中旬左右，一代卵盛期为6月下旬至7月中旬前后。卵经过6~8天就孵化为幼虫，蛀果危害，在果内危害生活25天左右老熟脱果，一部分入土越冬，一部分地面化蛹，继续发育，羽化成虫，于8月中下旬发生第二代。桃小食心虫的二代蛀果期一般是8月中下旬至9月上旬。二代老熟幼虫一般9月脱果越冬
防治措施	6月中上旬，开始预防，7月4日前一定要喷上药，应用的农药既要有杀虫成分，也要有杀卵成分，如高氯·马、甲维·吡丙醚等

（四）苹果瘤蚜

1. 危害症状　如图5-4-1、图5-4-2所示。

图5-4-1　苹果瘤蚜危害使叶片纵卷

图5-4-2　苹果瘤蚜危害严重的果园

2. 识别与防治要点　见表5-4。

表5-4　苹果瘤蚜识别与防治要点

危害部位	主要危害幼嫩叶片
危害时间	4月中旬孵化后的若虫将嫩叶向背面纵卷起来，并吸食汁液
危害症状	嫩叶向背面纵卷，受害严重的果树，新梢的正常生长和花芽的形成受到抑制，显著影响当年或翌年的优质丰产。幼果被害后，果面呈现许多略凹陷而形不正的红斑。苹果瘤蚜还能传播苹果花叶病
发生规律	苹果瘤蚜，1年发生十余代。以卵在1年生的枝梢、芽腋或卷叶内等部位越冬。翌年4月上旬苹果发芽时开始孵化，4月中旬为孵化盛期。5～6月胎生有翅蚜，飞翔迁移，继续胎生无翅雌蚜。10月前后，胎生有性蚜交尾，产卵越冬
防治措施	（1）应抓早防治，苹果花序露红期是防治的最佳时期，应用吡虫啉或啶虫脒进行预防。但放蜂授粉的果园，要注意对壁蜂的影响 （2）发现有苹果瘤蚜，可在树干上轻刮皮，然后用吡虫啉或啶虫脒溶液涂环，然后用报纸包扎涂环处。也可在有苹果瘤蚜枝下部距基部5厘米处涂环

（五）苹果黄蚜

苹果黄蚜属同翅目蚜虫科，又称绣线菊蚜，俗称"蜜虫"。在我国各个苹果产区普遍发生。该害虫发生严重时，可影响新梢生长，分泌的蜜液污染果面，影响果实外观品质。

1. 危害症状及害虫形态　如图5-5-1、图5-5-2所示。

图5-5-1　苹果黄蚜危害新梢叶片　　　　图5-5-2　苹果黄蚜危害新梢叶片

2. 识别与防治要点　见表5-5。

表5-5　苹果黄蚜识别与防治要点

危害部位	新梢和叶片，虫口密度大时也危害幼果
危害时间	新梢生长期，在胶东地区，5月中下旬新梢旺长期最为严重
危害症状	以若蚜、成蚜刺吸新梢和叶片汁液，常聚集在叶片背面危害，造成被害叶片由叶尖向叶背横卷（苹果瘤蚜危害造成叶片纵卷），影响新梢生长和树冠扩大。同时，苹果黄蚜也可进入果袋内，刺吸果实，分泌蜜液，导致煤污病的发生，显著降低果品质量
发生规律	属于留守式蚜虫，全年仅在1种或几种近缘寄主上完成生活周期，无固定转换寄主现象。1年发生十余代，以卵在枝杈、芽旁及皮缝处过冬。春天寄主萌动后冬卵孵化为干母，4月下旬在芽、嫩梢顶端、新梢叶背面危害，十余天后发育成熟，然后孤雌生殖直到秋末
防治措施	新梢生长期喷布吡虫啉、啶虫脒、烯啶虫胺、氟啶虫酰胺等内吸性杀虫剂

（六）棉铃虫

棉铃虫是世界性害虫之一，我国各地也均有发生，主要危害棉花、玉米、大豆、烟草、番茄、辣椒等农作物，近年来在苹果上的危害呈上升趋势，有些地方已发展成为苹果园的主要害虫之一。

1. 危害症状及害虫形态　如图5-6-1所示。

图5-6-1　棉铃虫幼虫危害幼果

2. 识别与防治要点　见表5-6。

表5-6　棉铃虫识别与防治要点

危害部位	主要是嫩梢、叶片、果实
危害时间	5月中下旬为危害盛期
危害症状	（1）初孵幼虫在未伸展开的小叶内取食，造成圆形或不规则形孔洞 （2）棉铃虫2龄以后主要危害新梢和果实。可蛀入新梢茎内，取食尚未木质化的髓部，导致新梢生长受阻。幼果受害，造成落果；大果受害，幼虫将头部蛀入果内，食成绿豆粒大小的孔洞，深4~8毫米，危害重的可深达果心。一个果上可食1~3个或更多的孔洞
发生规律	在山东果区1年发生4代，以蛹在地下越冬。4月中下旬温度达15℃时，成虫开始羽化，5月上中旬为羽化盛期，5月中下旬幼虫危害幼果，为危害盛期。套袋后转而危害其他植物，10月中旬第四代幼虫老熟后入土化蛹越冬
防治措施	谢花后至套袋前，喷布1~2遍甲维盐、菊酯类农药

（七）梨小食心虫

梨小食心虫又称东方果蛀蛾、桃折梢虫等。在中国分布也很广泛，各个产区均有危害。主要危害梨、桃、苹果、山楂、李、杏、樱桃、沙果、海棠、枣、木瓜等。幼虫可蛀入果内直达果心，危害果肉和种子。

1. 危害症状　如图5-7-1、图5-7-2所示。

 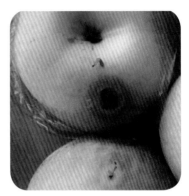

图5-7-1　梨小食心虫危害造成"折梢"　　图5-7-2　梨小食心虫危害果实

2. 识别与防治要点　见表5-7。

表5-7　梨小食心虫识别与防治要点

危害部位	新梢、果实
危害时间	4~7月为危害盛期
危害症状	4~7月，果树新梢受害，被害新梢萎蔫下垂、干枯 7月蛀果，多从果肩和萼凹蛀入，直达果心，早期入果孔较大，孔外有粪便，孔周围变黑腐烂，逐渐变大凹陷；后期入果孔不易发现，孔周围呈绿色
发生规律	华北果区1年发生3~4代，以老熟幼虫结茧在树皮缝隙及土壤中越冬。幼虫多在5月危害，在单植套袋苹果园中，梨小食心虫整个生长季主要取食苹果芽和嫩梢
防治措施	梨小食心虫成虫对糖醋液和黑光灯有强烈趋性，可用糖醋液诱捕器、黑光灯、频振式诱虫灯诱杀 在果树生长季喷洒高氯氟氰菊酯、甲氰菊酯、甲维盐、杀螟硫磷等药剂防治

（八）顶梢卷叶蛾

　　顶梢卷叶蛾又称芽白小卷叶蛾，在苹果园发生较为普遍，幼树受害后，影响幼树抽生新梢。

1. 危害症状　　如图5-8-1~图5-8-3所示。

图5-8-1　顶梢卷叶蛾危害新梢和叶片

图5-8-2　顶梢卷叶蛾老熟幼虫卷叶危害

图5-8-3　顶梢卷叶蛾危害叶片症状

2. 识别与防治要点　见表5-8。

表5-8　顶梢卷叶蛾识别与防治要点

危害部位	主要危害嫩梢、嫩叶
危害时间	5~8月为危害高峰期
危害症状	幼虫只危害苹果的新梢，吐丝将顶梢数片嫩叶缠缀成虫苞，啃下叶背茸毛做成丝质隧道，潜藏其中，仅在取食时将身体露出巢外，顶梢卷叶虫苞干枯后不脱落
发生规律	1年发生2~3代，以2~3龄幼虫在枝梢顶端卷叶虫苞中越冬。春季花芽花序分离期是越冬幼虫出蛰期，危害顶芽、侧芽，展叶后吐丝将嫩叶卷成叶苞，幼虫潜藏其中取食危害，老熟后在叶团中结茧化蛹。第一代幼虫的发生期在6月下旬至7月上旬，主要危害春梢。第二代幼虫的发生期在8月上中旬，主要危害秋梢，形成虫苞。10月上旬以后幼虫陆续越冬
防治措施	结合冬剪，人工剪除越冬虫苞。苹果生长期，预防苹果小卷叶蛾，可同时预防该害虫

（九）金纹细蛾

　　金纹细蛾又称苹果细蛾、苹果潜叶蛾，危害严重时，会导致苹果大面积落叶。最近几年，由于预防该害虫有效药剂（脲类农药、甲维盐、阿维菌素等）问世，所以种群数量有所下降，但仍不可放松预防。

1. 危害症状　　如图5-9-1~图5-9-3所示。

图5-9-1　金纹细蛾危害叶片正面

图5-9-2　金纹细蛾潜食叶肉后产生网眼状虫斑

图5-9-3　金纹细蛾幼虫在叶片背面危害症状

2. 识别与防治要点　见表5-9。

表5-9　金纹细蛾识别与防治要点

危害部位	主要危害叶片
危害时间	8月为危害最严重的时期
危害症状	以幼虫从叶背潜食叶肉，叶背面形成椭圆形、泡囊状皱缩扭曲。叶正面出现黄白色、网眼状透明虫斑，虫斑内有黑色虫粪。严重时一张叶片上有多个虫斑，叶片焦枯，提早落叶
发生规律	1年发生4~5代，苹果萌芽后产卵于叶片的反面。幼虫孵化后蛀入叶片下表皮潜食叶肉，幼虫老熟后叶内化蛹。在烟台，各代卵的孵化盛期分别是：第一代为4月中下旬，第二代为6月上旬，第三代为7月上中旬，第四代为8月上中旬，第五代为9月中下旬
防治措施	各代卵孵化、幼虫发生盛期，是预防的关键时期。药剂可用灭幼脲、杀铃脲、甲维·吡丙醚、吡丙·虫螨腈、甲维盐等防治

（十）康氏粉蚧

康氏粉蚧又称梨粉蚧。由于苹果套袋，袋内形成的小气候，有利于康氏粉蚧的发生，所以，该害虫在套袋苹果园发生较重。

1. 危害症状及害虫形态　如图5-10-1~图5-10-4所示。

图5-10-1　康氏粉蚧在果面上分泌白色绵状物

图5-10-2　康氏粉蚧分泌物引发果灰产生

图5-10-3 康氏粉蚧在萼凹
处危害

图5-10-4 康氏粉蚧危害果实
症状如同花脸病

2. 识别与防治要点 见表5-10。

表5-10 康氏粉蚧识别与防治要点

危害部位	主要危害果实
危害时间	7月上中旬为第一代若虫发生盛期，主要危害枝梢嫩皮和膨大期果实；8月中下旬为第二代若虫发生盛期，主要危害膨大期果实
危害症状	果实受害后，果实表面呈现出着色不匀花脸状，排泄的蜜露和分泌的蜡粉污染果面，降低果品质量
发生规律	康氏粉蚧1年发生3代，苹果幼果期越冬卵孵化，5月中旬为越冬代若虫发生盛期，主要危害树体、枝梢和幼果；7月上中旬第一代若虫主要危害枝梢嫩皮和膨大期果实；8月中下旬第二代若虫主要危害膨大期果实
防治措施	（1）苹果花序分离期，预防越冬出蛰害虫。可用甲维·吡丙醚、吡丙·虫螨腈等防治 （2）谢花后至套袋前，交替使用吡虫啉和啶虫脒杀灭害虫

（十一）黑蚱蝉

黑蚱蝉又名蚱蝉、知了，我国各地均有发生，主要危害苹果、梨、桃、李、杏、樱桃、枣等多种果树及榆树、杨、柳等多种林木。近年来危害具有普遍性。

1. 危害症状及害虫形态　　如图5-11-1~图5-11-6所示。

图5-11-1　黑蚱蝉在新梢上产卵

图5-11-2　黑蚱蝉产卵造成锯齿状伤口

图5-11-3　折断树枝可见白色
长椭圆形黑蚱蝉卵

图5-11-4　黑蚱蝉产卵的新梢枯死

图5-11-5　黑蚱蝉幼虫脱壳　　　　　　　　图5-11-6　黑蚱蝉成虫

2. 识别与防治要点　见表5-11。

表5-11　黑蚱蝉识别与防治要点

危害部位	主要危害当年生枝条
危害时间	7月下旬至8月为危害盛期
危害症状	成虫以锯状产卵器产卵危害，产卵时刺破1年生枝条表皮和木质部，伤口处表皮呈斜锯齿状翘起，产卵后上部枝条逐渐枯死。剖开卵处伤口翘皮，可见白色卵粒，成虫量多时，树冠上有大量新枝被害干枯，严重影响树势
发生规律	4~5年完成1代，以卵在枝条内或以若虫在土壤中越冬。若虫一直在土壤中生活，老熟后于黄昏到夜间钻出土表，上树蜕皮羽化。6月底老熟若虫开始出土，成虫刺吸树木汁液，寿命60~70天，7月下旬至8月为产卵盛期。越冬卵第二年6月孵化为若虫，钻入土中刺吸根部汁液，秋后移入深土层越冬，气温回暖上移刺吸根部危害
防治措施	在若虫出土期，在果园树木主干中下部缠贴5~10厘米宽塑料胶带，阻止若虫上树，于傍晚至夜间捕捉若虫 秋季大范围剪除产卵枯梢，集中焚烧

（十二）苹果全爪螨

苹果全爪螨又称苹果红蜘蛛，因其以卵越冬，生殖力强，发育速率快，抗性强，所以比较难以防治。

1. 危害症状及害虫形态　如图5-12-1~图5-12-4所示。

图5-12-1　苹果全爪螨越冬卵

图5-12-2　苹果全爪螨卵放大图

图5-12-3　苹果全爪螨雌成螨

图5-12-4　苹果全爪螨在枝杈处产卵越冬

2. 识别与防治要点　见表5-12。

表5-12　苹果全爪螨识别与防治要点

危害部位	主要危害叶片正面
危害时间	麦收前后为危害高峰期，秋季有一个小高峰
危害症状	苹果全爪螨喜欢在叶片正面活动危害，一般不吐丝结网。受害叶片变成灰绿色，有许多失绿小斑点，整体叶貌类似苹果银叶病，一般不造成早期落叶
发生规律	1年一般发生6~9代，以卵在短果枝、果台叶鳞痕处以及芽旁和1~2年生枝条接合处越冬。越冬卵的孵化与苹果物候期和气温有关，一般在花蕾膨大期，气温达14.5℃进入孵化期。红富士苹果谢花后是第一代卵孵化盛期；谢花后25天是第一代成螨发生盛期；6月中旬是第二代卵的孵化盛期；自7月上旬至8月下旬期间，平均15天完成一代，进入世代重叠
防治措施	参考山楂叶螨的防治

（十三）二斑叶螨

　　二斑叶螨也称白蜘蛛，雌成螨体卵圆形，夏型黄绿色，因体背两侧各有一深褐色"E"形斑纹，故称二斑叶螨。该螨主要是从草莓上传播到苹果树上。由于阿维菌素等一系列杀螨剂的使用，该螨害的发生率已经降低，但仍需要重视预防。

1. 危害症状及害虫形态　　如图5-13-1~图5-13-3所示。

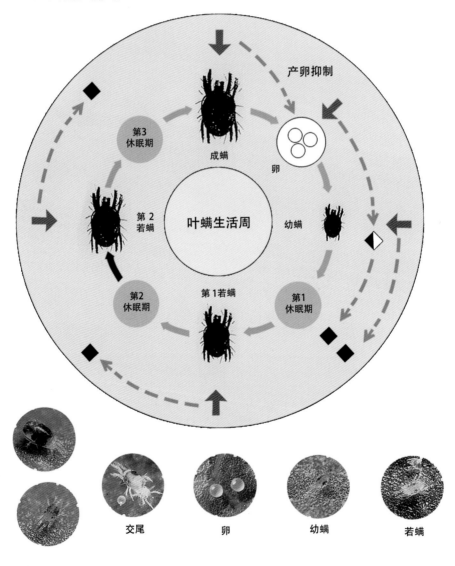

图5-13-1　二斑叶螨虫态

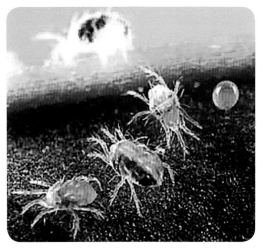

图5-13-2　二斑叶螨及卵

图5-13-3　二斑叶螨危害叶片症状

2. 识别与防治要点　见表5-13。

表5-13　二斑叶螨识别与防治要点

危害部位	主要在叶片背面主脉两侧危害
危害时间	6月至7月中旬，二斑叶螨主要危害内膛叶丛枝和短果枝，并由内膛向外扩散，种群数量快速上升属于扩散蔓延期。7月中旬至8月中旬种群数量达到年中高峰，属于猖獗发生期
危害症状	二斑叶螨喜欢群集在叶片背面主脉两侧危害，发生严重时，叶面形成致密的丝网膜，受害叶片正面呈现成片失绿斑点，锈色，大量叶片焦枯脱落
发生规律	苹果产区1年发生7~15代，以受精雌成螨在树体树皮裂缝、老翘皮、枝杈处以及地面落叶杂草中、根际土缝内潜藏越冬。第二年苹果萌芽期，树下越冬雌成螨开始出蛰。在胶东地区，4月中旬红富士品种的花序分离期是树体越冬雌成螨的出蛰盛期；4月下旬红富士品种的开花期是越冬雌成螨的产卵盛期；5月上旬红富士品种的落花期是第一代卵孵化盛期；6月至7月中旬，二斑叶螨主要危害内膛叶丛枝和短果枝，并由内膛向外扩散，种群数量快速上升，属于扩散蔓延期。7月中旬至8月中旬种群数量达到年中高峰，属于猖獗发生期。10月越冬雌成螨陆续进入越冬状态
防治措施	参考山楂叶螨的防治。药剂以阿维·三唑锡、阿维·乙螨唑等为主

（十四）草履蚧

草履蚧，属同翅目珠蚧科，是近几年在苹果上发生加重的一种害虫，我国各苹果产区均有发生。

1. 危害症状及害虫形态 如图5-14-1、图5-14-2所示。

图5-14-1 草履蚧若虫   图5-14-2 草履蚧在树上危害

2. 识别与防治要点 见表5-14。

表5-14 草履蚧识别与防治要点

危害部位	主要危害芽腋、嫩梢、叶片和枝干
危害时间	危害时间主要集中在早春
危害症状	若虫和雌成虫常成堆聚集在芽腋、嫩梢、叶片和枝干上，吮吸汁液危害，造成植株生长不良，早期落叶
发生规律	1年发生1代。1月下旬至2月下旬在土中开始孵化，天气晴暖，出土个体明显增多，若虫出土后沿茎干上爬至梢部、芽腋或初展新叶的叶腋刺吸危害。雄性若虫5月上旬羽化为雄成虫，羽化后即觅偶交配，寿命2～3天。雌性若虫3次蜕皮后即变为雌成虫，自茎干顶部继续下爬，经交配后潜入土中产卵。草履蚧若虫、成虫的虫口密度高时，往往群体迁移
防治措施	孵化后40天左右，喷吡虫啉或甲维·吡丙醚

（十五）球坚蚧

球坚蚧又称为桃球坚蚧、杏球坚蚧。在我国很多省区均有发生，可危害苹果、梨、桃、李、杏、梅等多种果树。

1. 危害症状及害虫形态   如图5-15-1、图5-15-2所示。

图5-15-1　球坚蚧在树枝上刺吸汁液　　　　图5-15-2　球坚蚧危害其他果树

2. 识别与防治要点   见表5-15。

表5-15　球坚蚧识别和防治要点

危害部位	多危害1~2年生枝条，也危害叶片和果实
危害时间	4月上中旬到秋末均可危害，以发芽、开花时期最重
危害症状	以若虫和雌成虫刺吸汁液，初孵若虫还可爬到嫩枝、叶片和果实上危害，严重时，枝条上密集危害，使枝叶生长不良，树势衰弱
发生规律	1年发生1代，以2龄若虫在枝干缝隙、伤口边缘或粗皮处越冬，越冬位置固定后分泌白色蜡质覆盖身体。翌年4月若虫自越冬处爬出，在枝条上吸食汁液危害。雌虫逐渐膨大至半球形，雄虫成熟后化蛹。5月产卵，6月孵化。初孵若虫爬出母壳后分散到枝条上危害，至秋末蜕皮成为2龄若虫，随后在蜕皮壳下越冬
防治措施	干枝杀灭越冬若虫。避免与核果类果树（桃树等）混栽 生长期喷药：噻虫嗪，吡虫啉，啶虫脒，螺虫乙酯等

（十六）苹小卷叶蛾

苹小卷叶蛾属鳞翅目卷叶蛾科，又名远东卷叶蛾，其幼虫俗称"舔皮虫"。

1. 危害症状及害虫形态　如图5-16-1~图5-16-4所示。

图5-16-1　苹小卷叶蛾幼虫危害叶片

图5-16-2　苹小卷叶蛾幼虫及蛹

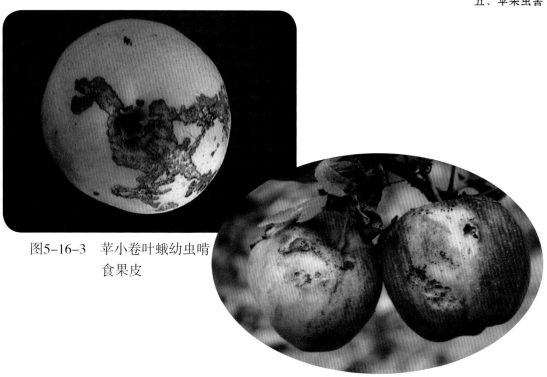

图5-16-3　苹小卷叶蛾幼虫啃
　　　　　食果皮

图5-16-4　苹小卷叶蛾幼虫危害不套袋苹果

2. 识别与防治要点　见表5-16。

表5-16　苹小卷叶蛾识别与防治要点

危害部位	主要危害叶片、果实
危害时间	苹果展叶后及整个生长季均可危害
危害症状	幼虫吐丝将叶片卷成虫苞，并潜藏其中取食危害。当幼虫受到触动，有吐丝下垂习性。幼虫也可潜伏在叶果间，啃食果皮，造成苹果果面形成麻坑状伤疤
发生规律	苹果小卷叶蛾1年发生3~4代，以2龄小幼虫在剪锯口、爆裂翘皮处越冬。红富士现蕾期是越冬幼虫出蛰盛期。刚出蛰的小幼虫钻入嫩芽内危害幼芽、嫩叶，展叶后转为卷叶危害，在新梢端部形成虫苞。第一代卵的孵化盛期为6月中旬，幼虫卷叶危害。第二、第三代幼虫的发生期为8月，除卷叶危害，也在叶果间啃食果皮及浅层果肉，造成大量的卷叶虫伤。第三、第四代卵多产于果实表面，9月中下旬孵化的幼虫啃蛀果皮呈针孔状
防治措施	（1）各代卵发生期，田间释放赤眼蜂，压低苹果园内前期虫口基数 （2）苹果开花前，越冬幼虫出蛰期，是预防的关键时期。也可在害虫卵期、幼虫发生期，应用甲维·吡丙醚、吡丙·虫螨腈、甲维盐进行预防

（十七）绿盲蝽

绿盲蝽是最近几年苹果园发生较为严重的害虫。不但危害新梢叶片，还刺吸幼果，导致出现大量残次果。该害虫已经成为苹果园、葡萄园、枣园等危害最为严重的害虫之一。

1. 危害症状及害虫形态   如图5-17-1~图5-17-4所示。

图5-17-1   绿盲蝽若虫

图5-17-2   绿盲蝽危害新梢叶片症状

图5-17-3 绿盲蝽危害幼果果面症状

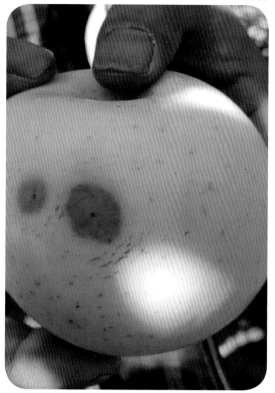

图5-17-4 被绿盲蝽危害的套袋果

2. 识别与防治要点 见表5-17。

表5-17 绿盲蝽识别与防治要点

危害部位	新梢、嫩叶、幼果
危害时间	5月上中旬是危害幼果高峰期
危害症状	嫩叶受害,形成褐色坏死斑点,随叶片生长逐渐形成不规则黑色斑和孔洞,严重时叶边缘残缺破碎、皱缩、畸形 幼果受害,果皮下出现坏死斑点,随果实长大,刺吸处逐渐凹陷,形成木栓化的凹陷斑,成为畸形果
发生规律	1年发生4~5代,苹果花序分离期开始孵化,初孵若虫危害花器、嫩芽和幼叶。5月中旬是越冬代成虫羽化高峰期,也是集中危害幼果的时期。成虫有很强的趋嫩性,昼伏夜出
防治措施	(1)苹果花序分离期,是周期预防的关键时期,选用菊酯类农药即可杀灭初孵若虫 (2)谢花后,要早防,要求在苹果花谢到70%就要喷药预防,药剂以吡虫啉和菊酯类农药混喷较好

（十八）金龟子类

金龟子有多种，其成虫在日落前从土里爬出来，飞到果园里，取食萌芽和新梢叶片。果树开花时，取食花瓣。

1. 危害症状及害虫形态　　如图5-18-1~图5-18-5所示。

图5-18-1　金龟子幼虫

图5-18-2　金龟子危害花器官

图5-18-3　金龟子危害花瓣和花蕊

图5-18-4　金龟子在花期取食雌雄蕊

图5-18-5　金龟子取食病果

2. 识别与防治要点　见表5-18。

表5-18　金龟子识别与防治要点

危害部位	主要取食花蕾、花朵、嫩叶
危害时间	果树花期危害最为严重
危害症状	成虫在果树花期取食花蕾、花朵和嫩叶，虫量大时可将幼嫩部分吃光，严重影响产量和树势
发生规律	1年发生1代，一般4月中上旬开始出土，至5月下旬基本结束。果树发芽开花时转移到果树上群集危害，4月中下旬在土中产卵，卵期20~30天，幼虫危害植物根部，7月下旬到8月化蛹，蛹期15~20天，成虫羽化后在蛹室内越冬。有假死性，部分有趋光性和趋化性
防治措施	（1）撒施敌百虫颗粒剂诱杀金龟子幼虫 （2）利用成虫假死性，于傍晚摇晃树体振落成虫，集中捕杀 （3）可在成虫发生期喷药防治，常用药剂有高氯氟氰菊酯等

（十九）山楂叶螨

山楂叶螨又称山楂红蜘蛛，是苹果园主要发生的螨害，也是导致苹果早期落叶的主要螨类。渤海湾、西北高原、黄河故道等果区都有不同程度发生。

1. 危害症状及害虫形态   如图5-19-1~图5-19-5所示。

图5-19-1   山楂叶螨雌成螨

图5-19-2   山楂叶螨雄成螨

图5-19-3   山楂叶螨在叶片背面危害

图5-19-4   山楂叶螨危害时叶片正面
出现点状失绿

图5-19-5　山楂叶螨危害的叶片

2. 识别与防治要点　见表5-19。

表5-19　山楂叶螨识别与防治要点

危害部位	主要危害叶片背面
危害时间	6月麦收前后危害最重
危害症状	山楂红叶螨喜欢群集危害叶片背面主脉两侧，刺吸汁液，受害叶正面出现成片失绿斑点，受害严重时，吐丝结网，叶片布满丝网，叶片呈红褐色，导致整个叶片焦枯脱落
发生规律	1年发生5~13代，以受精雌成螨在树皮缝隙、树干枝杈处和落叶杂草内、根际土缝中越冬。翌年红富士花序分离期是越冬雌成螨的出蛰盛期，花期是越冬雌成螨的产卵盛期，谢花期是第一代卵孵化盛期。6月上中旬是第二代卵孵化盛期，此时正值高温期来临，繁殖速率加快，猖獗发生，是山楂红叶螨第二个药剂防治关键时期。7月以后世代重叠，进入猖獗发生期，种群数量迅速达到年中高峰
防治措施	苹果花序分离期，是防治的关键时期；谢花后连喷2遍预防螨类的药；6月以后，可视螨类发生情况，适时进行预防。杀螨剂可选择：乙螨唑、二唑锡、四螨嗪、螺螨酯、阿维菌素等，交替使用

六、苹果根结线虫病害

由植物寄生线虫侵袭和寄生引起的植物病害。受害植物可因侵入线虫吸收体内营养而影响正常的生长发育；线虫代谢过程中的分泌物还会刺激寄主植物的细胞和组织，导致植株畸形，使农产品减产和质量下降。苹果上最严重的线虫病害就是根结线虫病。

植物寄生线虫长1毫米左右，多呈线形，无色或乳白色，不分节，线虫还可传播病毒，假体腔，左右对称。其口腔壁加厚形成吻针的特征，是大多数植物寄生线虫与其他线虫的重要区别之一。

常见病症

结瘤 入侵线虫周围的植物细胞由于受到线虫分泌物的刺激而膨大、增生，形成结瘤。通常由根结线虫、鞘线虫和剑线虫引起。远距离传播则主要靠携带线虫的种苗和其他种植材料的调运。

坏死 植物被害部分酚类化合物增加，细胞坏死并变成棕色，可由短体线虫引起。

根短粗 线虫在根尖取食，根的生长点遭到破坏，致使根不能延长生长而变短粗。常由毛刺线虫、根结线虫和剑线虫引起。

丛生 由于线虫分泌物的刺激，根过度生长，须根呈乱发丛状丛生。世代长短因种类不同而有很大差别，根结线虫、短体线虫、胞囊线虫、长针线虫及毛刺线虫均可引起这种症状。

线虫致病机制

除吻针对寄主的刺伤和虫体在植物组织中穿行所造成的机械损伤以及因寄生消耗植物养分而造成的危害外，植物线虫主要是通过穿刺寄主时分泌各种酶或毒素来造成各种病变。入侵线虫周围的植物细胞由于受到线虫分泌物的刺激而膨大、增生，同时线虫的侵害活动还可为次生病原微生物提供入口。植物线虫危害植物的地下部分，致使根部腐烂，因线虫的种类、危害部位及寄主植物不同而异。线虫也可与其他病原物形成复合侵染，经常和线虫造成复合病害的有镰刀菌、疫霉、轮枝菌和丝核菌等。线虫还可传播病毒，一般球形或多面形的病毒由剑线虫和长针线虫传播，无色或乳白色，而杆状或管状病毒则多由毛刺线虫传播。

有效防治措施

严格执行检疫制度；定期或根据线虫发生情况用药剂处理土壤；通过轮作、翻耕晒土、保证田间卫生等措施破坏植物线虫的生活条件；利用天敌进行控制等。

苹果根结线虫病

苹果根结线虫病最早在日本发生，近年来我国发生也逐渐普遍，植株受害后树势衰退，甚至凋萎。

1. 发病症状 如图6-1-1~图6-1-3所示。

图6-1-1 受苹果根结线虫危害的根系

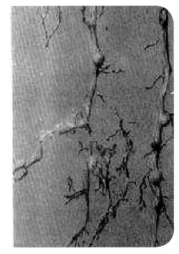

图6-1-2 苹果树根结部位腐烂

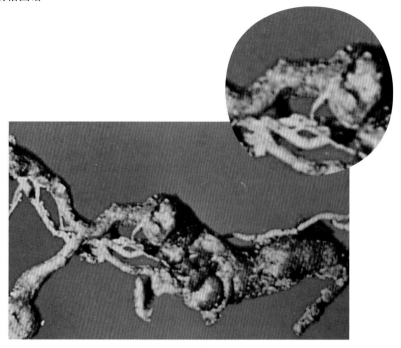

图6-1-3　根结放大

2. 识别与防治要点　见表6-1。

表6-1　苹果根结线虫病识别与防治要点

危害部位	主要危害根部
危害时间	全年均可危害
危害症状	根组织过度生长，形成大小不一的根瘤。严重时可出现次生根瘤，并有大量小根，使根系盘结成团，形成须根团。根系受到破坏，水分和养分难于输送，老树根瘤腐烂，使病根坏死。刚发病时，地上无明显症状，但随着根系受害逐步加重，树上出现枝短梢弱、叶片变小、长势衰弱等症状
发生规律	以卵及幼虫越冬，在条件合适时，卵在卵囊内发育成为1龄幼虫，经一次蜕皮后破卵而出成为2龄幼虫，侵入维管束附近危害，并刺激根系组织过度生长，形成根瘤。1年可发生2~3代，能重复侵染。带病土壤、水流和病苗是主要传播途径
防治措施	栽培无病苗木和栽前土壤消毒 成年病树在2~3月可施用二溴氯丙烷防治 早春、夏末、中秋及果树休眠期进行药剂灌根，常用药剂：硫酸铜，福美双，㗁霉灵，农抗120等

七、药害

　　农药施用到植株上或土壤中后，多从气孔、水孔、伤口进入树体，有的还从枝、叶、花果及根表皮进入。当用药不当时，药剂进入植物组织或细胞后，与一些内含物发生化学反应，破坏正常的生理机能，出现病变。

　　杀菌、杀虫、杀螨剂　这类药害普遍连片发生，在植株分布上往往没有规律性，症状一致，叶片经发黄、褐变、萎蔫、枯焦等过程，多从边缘开始。

　　除草剂　除草剂对苹果的危害与病毒病、缺素症有相似之处，常见的主要是除草剂的飘移熏蒸危害和常年使用慢性危害。熏蒸危害一般发生在近地面树体下部。

　　正确掌握药剂的使用方法和技术　使用时要根据有效含量或遵照说明书、技术人员的要求准确称量，科学配比，不能随意将药剂浓度增高或降低。

　　了解苹果的不同生育期和不同部位对药剂的敏感性　根据药剂特性，正确掌握使用时间和天气情况，特别是除草剂类的药剂，一是提高药效，更重要的是避免药害，避开高温和阳光强烈的天气，避免由于熏蒸和植物耐药力降低而引发药害。有的农药品种要求在较高气温下才能发挥更好的效果，如啶虫脒、唑类药在低温下易产生药害。

　　注意药剂质量和施药质量　药剂质量优劣，有效成分多少，贮藏是否规范，药剂品质有没有发生改变都是决定药害产生与否的重要因素。药剂若出现分层、结块、沉淀等不可逆形状变化，都应停止使用，避免药害的产生。药剂施用时要采用细喷头，雾化细，喷布均匀周到，避免重复喷布，喷头距离叶面40~50厘米，在有花有果时要更注意不要刺激花果。

　　发生药害后要及时缓解　发生药害后及时喷布植物生长调节剂，如芸薹素内酯、赤霉素以及叶面肥等；加强水肥管理，降低树体内药剂浓度，刺激植株生长，缓解药害。

（一）除草剂药害

　　在不生草的果园中，为了节省人工成本，提高效率，人们广泛使用除草剂除草。现阶段果园常用的除草剂主要是草胺膦等，但除草剂使用不合理也会对果树本身造成负面的影响。

1. 危害症状　　如图7-1-1~图7-1-4所示。

图7-1-1　受除草剂飘移
　　　　　危害的树枝

图7-1-2　连续使用草甘膦造成类似小叶病症状

图7-1-3　草甘膦药害症状

图7-1-4　草甘膦药害导致叶片脱落

2. 识别与防治要点　见表7-1。

表7-1　除草剂药害识别与防治要点

危害部位	主要危害叶片、树根和枝干
发病条件	除草剂使用过量或使用过程不规范
发病时期	急性危害在用药后几个小时至几天就有所表现 慢性危害一般在连续使用几年后才能有所表现
危害症状	草甘膦：果树根系生长受阻，多年连续使用的果园，经常发生某一棵树或树的局部，长出又小又狭窄的畸形小叶片，严重的会出现枝条枯死
防治措施	除草剂要严格按照用法、用量使用，不可随意改变浓度 施药选择无风天气，避免药剂喷雾产生飘移现象 施药要避开高温天气，并提高干高和坐果位置，避免除草剂熏蒸造成的树体损伤

注：国家相关部门已禁止草甘膦在果园应用，此处出现的症状与危害，多为残毒。

（二）唑类杀菌剂药害

唑类杀菌剂是杀菌剂中发展最快、数量最多的一种杀菌剂，内吸性强，且有长效、高效、广谱的杀菌特点，但过量施用或连续施用也会对植物产生药害。

1. 危害症状　如图7-2-1、图7-2-2所示。

图7-2-1　低温大风天气喷药在叶片出现的药害

图7-2-2　浓度过高产生的果树药害

2. 识别与防治要点　见表7-2。

表7-2　唑类杀菌剂药害识别与防治要点

危害部位	主要危害苹果花器官、叶片和果实
发病条件	用药浓度过高，苹果开花前低温时喷药，唑类药物选择不合理
发病时期	苹果开花前和谢花后至套袋前
危害症状	苹果开花前低温时用药浓度过大，出现的危害症状是花瓣灼伤、叶片边缘烧焦；谢花后至套袋前幼果期，用药浓度过大，叶片卷曲、果形扁
防治措施	（1）苹果开花前，禁止低温大风天气喷施 （2）苹果开花前和谢花后至套袋前，要选用安全性高的唑类药喷布，如苯醚甲环唑 （3）唑类农药施用浓度不能过高，要科学施用

跋

　　不管是传统乔砧大树苹果园还是现代矮砧高密度苹果园，病虫害的有效防控都是苹果优质高产的根本保障。苹果栽培者尤其是新入行的社会资本新建的规模化、现代化苹果园管理者，对苹果病虫害症状分不清，对如何防治感到困惑。该书以清晰的图片展示了苹果各种常见病虫害的不同症状，一目了然，可以有效帮助果园管理人员辨别真菌病害、细菌病害、病毒病害、生理病害、药害以及不同虫害危害症状，并且以通俗简洁的语言给出了明确的防控技术措施。该书值得各类苹果园管理人员人手一册，在果园内随身携带。

　　看完书稿后，我不仅仅为广大苹果栽培者能有这样一本简明清晰的病虫害识别和防治手册感到欣慰，更为该书主编隋秀奇先生为苹果产业做出的系列贡献感到高兴和自豪，因为他既是我们青岛农业大学的校友，也是我的学生，作为老师最高兴和自豪的莫过于学生在本专业领域超越自己。除了本书外，他还主编和参加编写了《中外果树树形展示与塑造》《一本书明白苹果速丰安全高效生产关键技术》《新编梨树病虫害防治技术》《最新甜樱桃栽培实用技术》《当代苹果》《精品苹果是怎么生产出来的》和《图说桃高效栽培关键技术》等多部专业书籍。最重要的是，他的书是在自己创业、企业管理运营、果园管理以及与果农互动中积累总结出来的实践经验，所以最贴近生产，非常实用。他所创建的烟台现代果业科学研究院和烟台现代果业发展有限公司，紧紧围绕现代果树产业需求，将自己选育的新品种和研究成果进行有效物化和推广，在为我国苹果产业做出重要贡献的同时，发展壮大了自己的企业。

　　近年来随着我国规模化现代苹果园的快速发展，许多新型农业经营主体缺乏苹果园管理经验，正需要一本这样清晰实用的手册，这对我国当代苹果产业的发展无疑具有重要意义。作为农业大学的老师，我更在想我们要培养更多像隋秀奇这样的专业人才，他热爱自己所学的果树专业，近30年来一直执着地耕耘着自己的专业，践行着自己的所学；他热爱果树产业，通过有效的企业运营为我国的果树产业做出了贡献；他热爱农民，通过果业通网络平台直接为广大果农解疑释惑。这正是我们农业大学要培养的既有扎实的专业知识又善于与时俱进，既能动手又会动脑，既懂技术又善经营的知农爱农人才。

青岛农业大学　周永艳

2019年12月15日